職說場真
14

改變世界的
12星座
大創業家

| 全球大品牌的**創業故事**、**管理理念和行銷策略** |

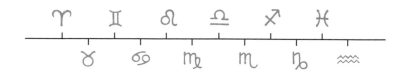

紀坪

著

目次

找到個性和天賦，走出自己的道路

從 ISBN 出版代碼來看，這是我的第六本書；然而，對我而言，卻是我真正的第一本書。

在我還未擁有專欄及著作前，偶然看到一家出版社的投稿活動，只要能夠得到名次，就有機會得到出書的機會。

因為當時我對於商管寫作一直頗有興趣，於是我用了數個月的時間，找出了許多感興趣的品牌，每個品牌分別從圖書館至少借出五本書，再蒐集大量的網路相關資料，並結合自己過去所學的商管知識，完成了這一本書。或許是作品尚未成熟，最後，我並沒有得到這個機會。

那一疊寫好的稿子就封存在電腦裡了，可惜嗎？

一點也不，這一次全心投入的過程，為我打下最重要的寫作基礎，後來我有機會寫專欄時，這些過去的寫作歷程，成了我最豐富的知識寶庫。新故事可結合舊理論，新觀點可找到舊故事佐證，讓我擁有源源不絕的題材，這就是在寫這本書時我最大的一個收穫。

而第二個收穫，則是在大量閱讀及重組知識的過程中，我得到了一個心得，就是品牌創業的成功，從來沒有「標準答案」。

　　一樣是管理，Berkshire Hathaway 的華倫・巴菲特採用將權力下放的「賦權管理」；Amazon 的傑夫・貝佐斯卻採用大權一把抓的「集權管理」。

　　一樣是行銷，Ford 汽車的亨利・福特採用增加供給並壓低售價的「價格行銷」；Apple 的史蒂夫・賈伯斯卻採用控制供給並拉高售價的「飢餓行銷」。

　　一樣是策略，McDonald's 的雷・克洛克採用「特許加盟」展店成功；Starbucks 的霍華・舒茲卻採用「標竿直營」展店成功。

　　換言之，每一個品牌、每一個創業家都擁有不同的成功之道及「個性」，即使面對同一個問題，每個人的最佳解法也一定不同。我認為這樣的現象，像極了十二星座的意涵，每一個星座都有自己的「個性」及「長處」。

　　為人們探索全世界的 Google，是勇於探險的牡羊座所創。連結買家與賣家的 eBay，是雙重思維的雙子座所創。帶來電腦革命的 Microsoft，是神祕的天蠍座所創。擁有快

樂童話的 Disney，是由樂觀的射手座所創。有著破壞創新的 Sony，是由天馬行空的水瓶座所創。

　　不同的個性，其實就適合創造不同的基業，於是我找出了每一個創業家的星座，再找出十二個星座的代表品牌，分別從管理、行銷、策略及生產中找出箇中學問，就成了這本書的藍圖及架構。

　　看別人的成功故事，了解他人的成功思維，絕非是要去複製他人的成功模式，而是要把這些作為我們自己的知識庫及養份，再打破固有的框架，從中理出自己的個性及天賦，進而找到一條獨一無二、最適合自己的道路。

　　這本書是我的創作起點，是我的商管筆記，更是我獨立思考、知識梳理及商管寫作的啟蒙恩師。經過這幾年不斷的寫作經驗，以及商管知識的沉澱，如今這本書經過了大幅修訂，希望它也能為你帶來一點點的啟發。

　　　　　　　　　　　　　　　　　　　　紀坪

　　　　　　　　　　　　　　　　　　　　2021 年夏

牡羊座
Google
賴利・佩吉

牡羊座之形徽為一白羊朝天之雙角，象徵著領導及積極向上之心。

牡羊座為十二星座及火象星座之首，他們有著領導的欲望，好強不喜歡落於人後，充滿了強烈的好奇心及行動力，有著不服輸及冒險犯難之心。擁有較樂觀及正面的思考力，不輕易向失敗及命運妥協，能夠積極地創造機會。就像一隻領頭羊，總是帶頭無畏地勇敢前行。

勇敢探索的牡羊座孕育了一位名為賴利・佩吉（Larry Page）的創業家，他創造了 Google 搜尋引擎，幫助人們探索全世界。

賴利‧佩吉的創業故事

簡介：Google 共同創辦人
生日：1973 年 3 月 26 日（牡羊座）

　　1973 年，賴利‧佩吉出生於美國密西根州，父親是密西根州立大學的電腦教授，他的父親熱衷於科技，曾經為了參觀機器人的展覽，開著一台車就載著全家跑遍美國各地。在他們居住的房子中，電腦、科技等相關雜誌及書籍，經常散落在家中的每一個角落。

　　賴利從小置身在這樣的環境中，耳濡目染很快地也為科技所著迷，更是不少科學讀物的忠實讀者，從小就培養出對科技領域的敏銳度。

　　彷彿從小就決定了人生方向一樣，求學過程中，賴利一直離不開電腦科技，並追隨父親的腳步，進入了密西根大學就讀，一頭栽進了電腦工程的世界裡。

　　在 20 歲前，賴利與一般的年輕人沒什麼不同，就是個愛作白日夢的大男孩；不同的是，他的行動力過人，不僅愛作夢，更愛去追夢，進而圓夢。

　　23 歲時，賴利作了一場美夢，夢中有一套強大的軟體，

能夠在網路世界裡幫助他找到所有他需要的東西，並引領他前往每一個他想一探究竟的角落。

醒來後，他立刻開始思索這個構想的可能性，透過不斷的假設與嘗試，最後他找到了一種獨特的程式排序法作為突破點，透過鏈結的方式，將所有的網路內容保存了下來。於是他抓住這一瞬間的靈感，立刻將所有的構想和程式記錄下來，並花了整整一晚的時間去實現它。於是，一套強大搜尋引擎的前身，就在這樣的突發奇想下誕生了。

1998 年，賴利成為史丹佛大學的研究生，並認識了他生命中最重要的事業夥伴謝爾蓋‧布林（Sergey Brin），他們一起以這個搜尋引擎為基礎，在加州的車庫中創辦了 Google。他們賦予 Google 的使命，是整合全世界的網路資訊，並讓這些資訊人人可用。為了實現這個想法，賴利一連刷爆了三張卡，換來了 Google 的第一批硬碟。

他們將這套搜尋引擎取名為 Google，最初的設計理念是由一個極大數的英文字 Googol 演變而來，這個新名詞為一個數學大數（數位 1 後有 100 個 0）單詞的拼寫法，也代表他們企圖囊括整個網路世界的雄心。

一個好的點子想要實現，一定需要資源和資金，當時的

他們並沒有太多資本，勢必需要募資，找到投資人。最早他們獲得一張 10 萬美元支票的投資，成為他們研發搜尋引擎的第一桶金。

然而，對於當時還是研究生的兩人來說，這項任務幾乎耗盡了他們所有的時間，因此兩人還曾經考慮將 Google 出售，甚至開始找起了買家。可是，要找到人買下一個尚未成型的商業模型，並不容易，既然遲遲找不到合適的人接手，兩人只好硬著頭皮繼續幹下去。

也幸好他們的堅持，Google 一路成長茁壯，如今成為全世界最有價值的科技品牌之一，更儼然已是搜尋引擎的代名詞。

如果說他們的搜尋引擎 Google Search 是網路的領航員，那麼 Google Map 就是城市的領航者，前者為網路世界建立索引，後者為現實世界打造索引。

Google Map 及街景的起源，最早來自於史丹佛大學教授及其學生的一個靈感及實驗，他們將拍攝的影片組成一張張能夠被檢索的照片，最後就成了一道坐在電腦前即可閱覽的動態空間。

賴利當時對街景產生了高度的興趣，他在自己的車上架

了一台攝影機，並駕車前往舊金山一路拍攝，最後將拍攝下來的資料一張張組合起來，成了今天我們所熟知的 Google 街景前身。

環遊世界是許多人的夢想，然而礙於時間、空間和經濟狀況，真正能夠實現這個夢想的人少之又少。Google Map、Earth 與街景等技術的誕生，即使還無法讓人們真正踩在全世界的每一片土地上，但人們可以透過這些技術，坐在電腦前就看到美國的大峽谷、法國的巴黎鐵塔、英國的倫敦鐵橋，甚至飛到外太空欣賞我們所居住的地球。

如今，Google 代表的已經不是一家公司的名字，而是一個特殊的「動詞」，代表一種探索或是領航的精神，當你有任何疑惑，想要尋找答案時，「Google 一下吧！」甚至可以說，「Google 不到的東西，在其他地方可能也不容易找到！」Google 幾乎成了世界的共同語言及百科全書。

賴利‧佩吉曾說：「如果在某一天的某個時刻，你能為自己的突發奇想感到欣喜若狂，請記住這一刻的美妙並抓住它，並銘記每一個上天賦予你改造世界的機遇。夢想不會消失，而會變成一種習慣。」努力去實現看似瘋狂的夢想，就有機會成功。

Google 的實驗室 Google Lap 孕育出許多屬於 Google 的核心服務，為何這個 Google Lap 擁有如此強大的研發能力呢？

創新需要空間與時間，所以創新人才的一大特質就是：很需要屬於自己的燒腦時刻，需要一個能夠孕育創意的地方，用來思考及探索更多的可能性，而不受固有的框架所局限。

Google 深知這個道理，因此提供他們的創新人才一個「創想時間」（Innovation Time off），讓 Google Lap 的工程師們能夠自由運用 20％的工作時間，無需埋首於上司交付的任務，而去進行自己真正想做的事，藉著這段自由的空間與時間，激盪出更多的創新。

Google Lap 提供 Google 工程師資源，去測試並實驗新的點子，這些研究完全能夠依自己的興趣發展，並透過試用者來蒐集資訊和回饋意見。

完成了創想的研究之後，有兩種管道讓 Google 的員工能夠實現創想。第一種方式是由創意人向 Google 主管進行

提案行銷，若得到了認同，就能夠獲得更多的研究資源；第二種方式是向同事行銷自己的創想，也就是邀請同事把他那20％的創想時間，加入到自己的計畫中，如此一來，這個創新計畫就能擁有更多的助力。

　　只是人們有惰性，並非所有人都適合如此自由的工作環境，因此 Google 對於組織成員的要求很高，對於達不到標準的簡歷，Google 人資可能連看都不會看，而這樣的用人哲學確保了 Google 成員的素質。

　　當你身邊的工作夥伴都很優秀時，更有助於你激盪並誕生創新的點子。

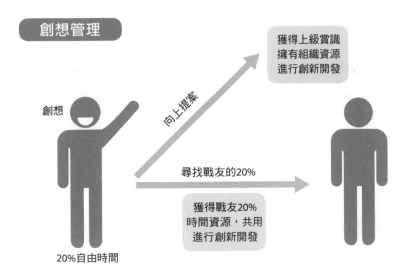

創想管理

獲得上級賞識
擁有組織資源
進行創新開發

創想

向上提案

尋找戰友的20%

獲得戰友20%
時間資源，共用
進行創新開發

20%自由時間

行銷 「關鍵字行銷」

如果要尋找任何一種資訊，過去人們或許會對於如何開頭倍感苦惱，現代人就不同了。當你想找資料時，就 Google 搜尋一下吧，此時第一個由人們放入 Google 搜尋框框中的，就是「關鍵字」。

在日常生活中，只要想找資訊或答案，最先想到的工具往往是 Google 搜尋引擎，而關鍵字就扮演起相當重要的角色。當我們在 Google 輸入關鍵字，搜尋結果的排列順序決定了一家公司或是一篇文章是否有機會出現在人們的眼球。

想要成為關鍵字的受惠者，可以朝兩個方向努力：用心寫出讓人願意主動觀看的資訊，藉著流量的優勢占據版面與順位；或是投入大量資金，直接購買 Google 關鍵字廣告。

這樣的行銷手法並不像電視廣告有豐富的視聽效果，僅僅出自單純的搜尋動機。但也正是運用搜尋者的單純動機，能夠讓自家產品出現在目標客群的眼中，進而抓住他們。

每個時代都有每個時代最佳的廣告媒體，從過去的傳單、報紙到電視廣告，都有其強大的聚焦魅力。直到電腦的普及和網路時代來臨，每個消費者願意花上大把的時間，上

網搜尋自己想要的資訊。因此，關鍵字行銷成為一門顯學，它能讓你的品牌成為消費者搜尋時，最優先看到的資訊。

　　Google 提供免費的搜尋引擎，但它的營收卻足以讓 Google 成為全世界最賺錢的品牌之一，這即是「關鍵字」帶來的強大影響力。

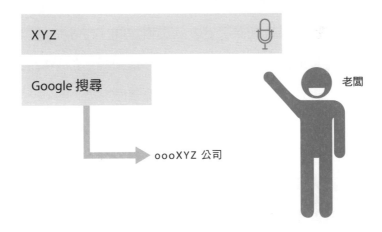

關鍵字行銷

XYZ

Google 搜尋

oooXYZ 公司

老闆

策略 「領先策略」

人們永遠都只記得第一，因此，要麼你成為市場的第一人，要麼你成為市場的第一名。成為領頭羊，才能引領產業趨勢。

Google 的企業文化正是如此，它幾乎不追隨任何人的腳步，而是透過不斷創新成為某些領域的領頭羊，從早期的搜尋技術、地圖、街景到無人汽車等，無一不是如此。如果該領域早就有其他的競爭者呢？那麼 Google 往往會不計代價砸下重本，努力讓自己後來居上。

「規模經濟」（Economies of scale）是一個成本的概論，藉著生產規模的增加，使得每一單位的平均成本下降，在獲利端與價格端就有了更大的議價空間。Google 則採取一個完全相反的思維，它把提供給每一位使用者的平均成本拉到最高，創造一個讓所有競爭對手都望塵莫及的障礙。

這個做法就像是在一家雜貨店旁，忽然蓋起了一家大賣場一樣，商品樣式更齊全、商品品質更良好，甚至價格還更便宜，教人要如何跟它競爭？

2004 年的愚人節，Google 就採取了這個策略，推出專屬

於 Google 的 e-mail 信箱 Gmail。Gmail 的誕生，讓所有競爭對手陷入極為尷尬的困境，因為 Gmail 一推出的容量就高達 1G，比當時市場上容量最大的 e-mail 高出 250 倍，競爭對手措手不及，Gmail 從此成為市占率及市場的領先者。

領先策略有兩個方向，成為市場的第一人，穩定成長，維持領先，就像 Google 地圖的誕生；或是後來居上，超車趕馬，成為市場的第一名，就像 Gmail 的誕生。

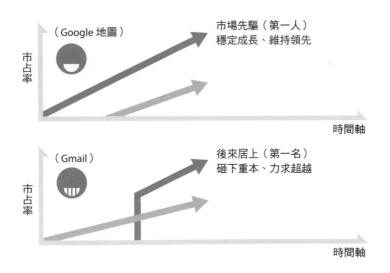

領先策略

（Google 地圖）

市占率

市場先驅（第一人）
穩定成長、維持領先

時間軸

（Gmail）

市占率

後來居上（第一名）
砸下重本、力求超越

時間軸

生產 「長尾商品」

在商業中，一向奉 80／20 法則為定律。所謂 80／20 法則，指的是商業中 80％的營收，幾乎是來自於 20％的商品或顧客。所以想要創造最大的利潤，就要顧好那 20％的明星商品及顧客，剩下的 80％並不重要。

Google 卻反其道而行，打破了這項定律。Google 的生產策略和產品，從來不是專為大企業而設計，反而 Google 的許多服務更適用於小企業或是個人，例如 Google 商家、部落格、關鍵字廣告等，而 Google 提供的各式商品，平價到每個人都能參與使用。

Google 的主要營收來源，也並非只靠大企業，反而是那些廣大的小企業及個人戶，為 Google 帶來了豐碩的營收。數以百萬計的小企業，代表了一個巨大的「長尾」市場，而人們的眼中將不再只是聚焦在大眾商品，透過 Google，小眾商品也開始有了嶄露頭角的機會。

「長尾」是什麼？

「長尾」指的是克里斯‧安德森（Chris Anderson）於「長尾理論」中所提出的概念＊，過去人們受限於空間及距

＊克里斯‧安德森擔任《連線》（Wired）雜誌總編輯時，在一篇文章中首度提出這個概念，後來擴充成 2006 年的全球暢銷書《長尾理論：打破 80／20 法則的新經濟學》（The Long Tail: Why the Future of Business Is Selling Less of More）。

離，企業或店家只能聚焦於販賣少數的暢銷商品，才能將有限的貨品陳列空間，做出最有效率的利用。

在網路經濟崛起之後，過去的空間框架逐漸消失，一些冷門商品也有了在網路平台露臉的機會，此時與其在少數的暢銷商品中削價競爭，不如掌握這些長尾商品，反而可能帶來更多的機會和利潤。

長尾的市場規模很大，那些看似冷門的商品及服務所加總起來的規模，甚至不下於暢銷商品，就像是一條長長的尾巴，能夠無限延伸，彷彿沒有盡頭。身為網路巨擘的Google所提供的商品，正是抓住了那條長長的尾巴，成為長尾理論中，最具代表性的品牌。

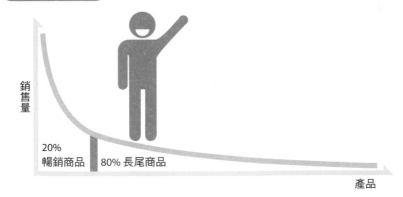

長尾商品

銷售量

20%
暢銷商品　80% 長尾商品

產品

金牛座
Facebook
馬克・祖克柏

金牛座之形徽為一牛隻之面孔，由象徵著圓滿的圓和溫馴的半圓所組成。

金牛座是土象第一個星座，也被稱為土象的嬰孩，忠心且真心，情感含蓄而緩慢，實際而不浮誇，重視傳統卻不保守。工作上刻苦耐勞、堅忍不拔，具有極高的耐性，同時也有著較壓抑的個性。金牛座對金錢有著天生的敏銳度，雖然愛錢卻不拜金，著重追求安定的生活。

固執沉穩的金牛座孕育了一位名為馬克・祖克柏（Mark Zuckerberg）的創業家，他創造了 Facebook，幫助人們連結了全世界。

馬克‧祖克柏的創業故事

簡介：Facebook 創辦人
生日：1984 年 5 月 14 日（金牛座）

馬克‧祖克柏出身於 1984 年的紐約，父親是一位開業牙醫師，家境算優渥的他，童年過得無憂無慮，能隨心所欲投入自己的興趣，而他從小就對電腦程式感興趣，並從中學就培養出撰寫電腦程式的能力。

在電腦通訊軟體尚未普及的時代，馬克的牙醫師父親一直苦惱於診所中訊息傳遞的效率。這是因為從病人掛號到診間有一段距離，護士經常要來來回回，才能把病歷交到醫師手中。

於是馬克開始思考，到底該如何改善這個問題。最後他研發了一套名為 ZuckNet 的軟體，這個軟體能使診所辦公室的電腦互通訊息，病人只要一掛號，就能透過辦公室的電腦直接將病歷傳給醫師，也一舉解決了診所訊息傳遞效率不彰的問題。

馬克就讀高中時，Microsoft 看出了他的潛力，開出 285 萬美元的天價邀他成為 Microsoft 的一分子。但是馬克沒有

接受這份誘人的待遇，他選擇進入校園繼續念書，考進哈佛大學享受著大學生活。

上了大學之後，他成了一個總是泡在宿舍電腦前的宅男。當時對於哈佛大學生來說，選修課程一直是他們頭大的問題，想要找出哪些有趣又好拿學分的課程並不容易，於是馬克動起了腦筋，試圖寫出一套軟體來改善選課問題。

一週過後，馬克設計了一套能夠篩選適合自己課程的選課軟體 Course Match，馬克將這套軟體放在學校網頁上，提供給每一位哈佛學生免費使用，而很快地，這套軟體迅即成為當時學生選課時的熱門工具。

有趣的是，這套 Course Match 軟體隨後被一些男學生當成與漂亮女生在課堂上「巧遇」的祕密兵器；這些男生在得知心儀女生的選修課程之後，可以更準確地製造一浪漫的「邂逅機會」。

喜歡宅在自己世界的馬克一向不愛聚會，很難得參加了一次熱鬧的聚會，當時他不懂得如何向女孩搭話，這時旁人提到了近期在校園中火紅的選課軟體 Course Match，逮到這個機會，馬克開心地大聊這個話題，但他並沒表明這套軟體其實是來自自己的點子。

這時有一個漂亮的女孩說：「我討厭 Course Match，因為有些男生總想利用它在課堂接近我。」聽到女孩的不滿，馬克不自覺為自己的軟體辯護起來，旁人隨即發現馬克就是這套軟體的設計者。只見這女孩像是抓到賊一樣，當面指責馬克，認為就是他破壞了自己的校園生活。

這樣的指控傷了馬克的心，一回到宿舍，馬克動起了歪腦筋，想來場惡作劇。最後他在和室友的討論下，發明了一套名為 FaceMash 的淘氣軟體。

這是一套可以讓兩張照片進行外貌美醜對決的軟體，他首先駭進了學校的伺服器，下載了所有學生的照片，然後用這套軟體不停地讓全校學生進行外貌 PK，之後更將 FaceMash 放上學校網頁，只留下兩句話：「我們會因為外貌被哈佛錄取嗎？不會。別人會來評價我們的外貌嗎？會的。」一陣抒發之後，他就暫時忘了這件事。

隔天早上，馬克回到宿舍發現，FaceMash 的伺服器竟然被塞爆當機了！在短短的數小時內，就有上百人使用了上萬張照片在 FaceMash 上瘋狂進行外貌 PK。不過，這個網站最終由哈佛大學關閉，馬克也因為駭進哈佛大學的伺服器遭到處分，並為這個不禮貌的軟體正式向全校的女孩道歉。

然而，FaceMash 卻給了馬克啟發。他從 FaceMash 看到人們對於網路社交的渴望，也發現許多人願意花大量的時間在網路上與志同道合的人交朋友；如果所有的照片與資訊都是本人自願放上網路的話，絕對會是大受人們歡迎的社群網路，這些構想漸漸成為 Facebook 的初期架構。

　　2004 年 1 月，馬克註冊了名為 facebook.com 的網路，並提供哈佛的學生使用這套社群網路，每個會員都要提供基本的自我介紹，並放上自己最滿意的照片。Facebook 的創立，為想要滿足社交生活的人們找到了一個平台，讓校園中每個人都更了解學校發生的事，並從中關心自己在乎的人最近的心情近況。Facebook 迅速地在每個校園流行起來，最後更在矽谷成為一家真正的上市公司。

　　Facebook 就像現實社會，用戶在 Facebook 上了解自己的朋友在做些什麼，即使朋友換了工作，也不會因此失聯，而 Facebook 會一直為你開啟這條聯絡的道路。

　　隨著社會的演進，人們生活在鋼筋建築物裡頭，交通雖然更便利了，世界卻變小了，人與人之間的距離也愈來愈遠了。馬克・祖克柏打造的 Facebook，則在此時重新將人與人連結了起來。

所謂「駭客」，指的是那些擅長智取及突破電腦安全系統的人，乍聽之下並非受歡迎的角色，然而 Facebook 中卻相當推崇「駭客文化」。

他們認為，如果你的網路被駭客攻擊了，你不能責怪攻擊你的駭客，反而應該打從心底感激這名駭客，因為他提醒了你自己有多麼的不足，你應該更加完善自己的防火牆。

對於 Facebook 的成員而言，一個能夠突破常規的駭客型工程師，他所能創造的價值，遠遠勝過那些循規蹈矩的工程師。Facebook 鼓勵工程師創新，他們不像 Google 一樣，分配給每人 20％自由時間去搞自己的創意，而是經常讓每一個有駭客能力的工程師「宅」在一起，激盪彼此的想法，這個活動被稱為「駭客馬拉松」。

駭客馬拉松首先將 Facebook 的工程師聚集起來，讓他們在一段時間裡待在一個特別的空間，並在這裡激發及交換所有的潛能與創意。

活動通常在近午夜時開始，Facebook 會提供精心製作或是外送的美食，讓所有人的腦袋維持在最靈活的狀態。吃飽

喝足之後，創新的挑戰主題會由主管公布，也許是嘗試一個艱難的編程＊，或是一個全新領域的點子，透過互相激盪彼此的創想，開發出全新的模型。

之所以被稱為駭客馬拉松，是因為這樣的活動可能會持續數天，並在最後階段，將有機會成功的點子完善成為商品；若未趨完善，也能成為未來創新的食糧。誰會知道，下一個改變世界的點子，也許就是從這些失敗經驗中所積累出來的？

駭客管理

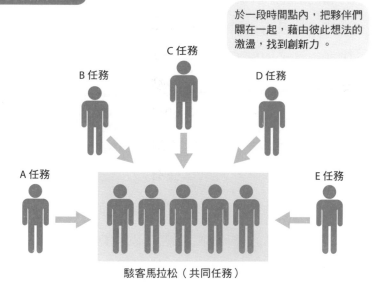

於一段時間點內，把夥伴們關在一起，藉由彼此想法的激盪，找到創新力。

C 任務

B 任務　　　　　　D 任務

A 任務　　　　　　　　　　E 任務

駭客馬拉松（共同任務）

＊編輯程式碼（coding），也就是對某個演算體系規定一定的演算方式，最終得到相應結果的過程。

　　隨著用戶不斷累積，如今 Facebook 的全球用戶已經超過 10 億人，每天分享著數以百億計的想法、圖片、影片、新聞和點子。Facebook 無所不在，幾乎占據每一台手機、平板和電腦。

　　人流就是錢流，過去的金錢可能在馬路上流動，隨著 Facebook 的普及，如今錢流更可能存在於網路上。Facebook 的「社群行銷」，代表的正是一個潛力無限大的商機。

　　每個企業品牌到個人品牌，幾乎沒有人不使用 Facebook 來和客戶溝通及行銷，並在 Facebook 上經營品牌的社群印象。因此，是否使用 Facebook 行銷早就不是重點，關鍵應該是：應該如何使用 Facebook 行銷？

　　如果是企業，就得經營企業的社群，它會影響企業的形象和獲利；如果是個人，也得經營個人社群，那決定了個人的形象與機會。

　　在網路社群的世界裡，人人都有發言權，假使能透過聚焦的發言，取得話語權及創造話題，就能夠帶來極大的行銷力量。同樣地，仔細蒐集願意回饋的顧客意見，也有可能因

此找到目標客群所在乎的價值。

　　社群行銷的網路關係是需要經營的，就像真實世界中的
關係一樣重要，透過發表、回覆、點讚、分享等動作，你不
需要走進真實世界，就能成功地經營你的社群關係。在社群
行銷中，質量相當重要，如果社群中資訊很多，但大多是無
法吸引目光或是無用的資訊，反而會讓人們失去興趣，不再
關注你的資訊。

　　Facebook 從一開始單純交友的動機，漸漸演變為社群行
銷的重要利器，因此打造一個完善的 Facebook 空間，就有
機會完善你在「社群行銷」的影響力。

社群行銷

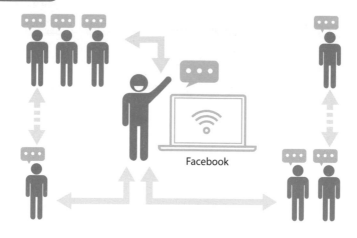

Facebook

Facebook 為何能成功？除了有趣的社群介面及互動機制，另一個相當重要的關鍵，就在於他成功抓住了「早期使用者」。

Facebook 最早只有美國大學生在校園內使用，先抓住了這些能接受新玩意的新鮮人後，Facebook 才漸漸被推擴到一般的使用者。而在先前的口碑影響下，Facebook 很快就擴散開來，而這就是一種「創新擴散」。

美國學者羅傑斯（Everett M. Rogers）曾提出「創新擴散理論」，認為創新的產品能否造成風行，事實上是有跡可循的。一項創新產品從推出到擴散，會經歷知曉（awareness）、說服（interest）、衡量（evaluation）、施行（trial）和確定（adoption）五階段。

從創新的角度來看，最主要的問題不在於技術面，而是如何改變使用者的習慣。而在改變使用者習慣上，使用者的接受度有著極為密切的關係，大致上可分為三個階段的使用族群：

第一批為創新者與早期接受者，他們可能是創新者，也

可能是追求新知和技術的狂熱者，願意去嘗試新事物，通常少於 20％。

第二批為早期及晚期大眾，他們理性且重視風險，要確定這項新事物能帶來便利或實質上的好處，才願意投入，通常占 60％以上。

第三批為遲緩接受者，他們始終不願意改變和學習，通常少於 20％。

當一項創新能夠度過醞釀期，累積足夠的人氣，跨越創新擴散的鴻溝，就有可能呈現爆炸性成長；反之，如果無法抓住早期接受者，就會導致虧損而失敗。一旦成功建立起口碑，之後再向早期與晚期大眾進行推廣，就有成功的機會。

Facebook 的免費、便利和容易使用，成就了最成功的創新擴散歷程。

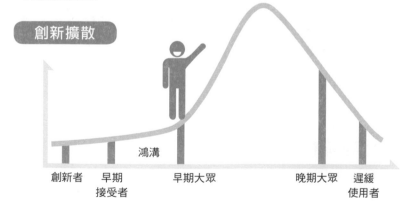

創新擴散

鴻溝

創新者　早期接受者　早期大眾　晚期大眾　遲緩使用者

生產 「社群資本」

Facebook 最有價值的資產是什麼？

有人認為是 Facebook 打造的社群互動軟體，似乎沒錯，但這套軟體並非不能複製，競爭對手如果有心，也能設計出一模一樣的介面；有人認為是 Facebook 擁有的傑出工程師，似乎也沒錯，但不是只有 Facebook 有傑出的工程師，因此也不算是 Facebook 的獨家資產。

事實上，Facebook 最大的資產在於它累積起來的「社群資本」。

在一般的企業中，只要品質或服務稍微下降，客戶的滿意度就會銳減，忠誠度也會直線滑落，造成客戶大量且快速出走。這樣的困境卻不太容易發生在 Facebook 身上，就算它的品質及服務稍有滑落，身邊的每個朋友還是依賴 Facebook 聯繫。這也表示，即使你不喜歡 Facebook，你仍然不得不繼續使用它，這就是一種社群資本。

社群關係又可分為強連結（strong tie）及弱連結（weak tie），強連結指的是互動多、情感較厚的關係，弱連結則是彼此不太熟的連結。在 Facebook 上，無論原本是強連結或

弱連結，你都能透過它輕易觸及原先不太容易接觸到的人。

　　曾經有學者提出了「六度分隔理論」（Six Degrees of Separation），意思是我們和世界上任何人的距離，其實比我們所想像的更近，而這「中間人」經實驗證實接近 6 個人。然而 Facebook 研究發現，如果僅考慮美國的使用者，這個「中間人」的數字將下降到 3.46 人。Facebook 所打造的社群網絡，讓人們幾乎可以觸及到全世界任何一個人。

　　Facebook 擁有全世界最多社群用戶，人人都願意在上面建構自己的社群資本。Facebook 以其卓越的社群互動設計，吸引了全球超過 10 億用戶，累積出不可動搖的社群資本，這就是 Facebook 最有價值的資產。

社群資本

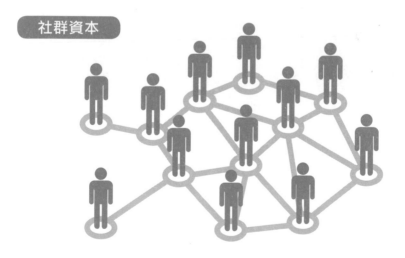

雙子座
eBay
皮埃爾‧歐米迪亞

雙子座之形徽為一對雙子之形，象徵著雙重思維與雙子互相依偎。

雙子座如同其形，他們所具有的雙重人格及思維，讓他們往往能夠同時處理許多事，並且具有多才多藝的特質。他們聰明又有靈性，多變又難以捉摸，腦筋動得很快。好奇心不但旺盛，資訊收集的速度也快，有時個性如雙面刃，兼具優點與缺點。

雙重思維的雙子座孕育了一位名為皮埃爾‧歐米迪亞（Pierre Omidyar）的創業家，他創造了 eBay，讓人們能夠將自己的收藏和商品，販售到全世界。

皮埃爾‧歐米迪亞的創業故事

簡介：eBay 創辦人

生日：1967 年 6 月 21 日（雙子座）

　　1967 年皮埃爾‧歐米迪亞出生於巴黎，父親是一名外科醫師。由於雙親的工作因素，皮埃爾還是孩提時，全家就移居美國。

　　皮埃爾在學生時主修電腦科學，逐漸培養起對電腦程式的興趣和敏銳度。他在完成學業後，第一份工作就進入軟體公司，成為一名研發工程師，之後他又在一家商業電腦公司，過著朝九晚五的上班族生活。

　　隨著工作經驗累積，皮埃爾與他人合夥，開了一家名為 Ink Development 的電腦公司，並有著不錯的營運成績，這家公司後來被微軟收購，皮埃爾獲得了 100 萬美元，這筆資金，也成了他未來創業的一桶金。

　　在某天的晚餐過後，皮埃爾和女友悠閒地聊天，女友無意間分享了自己長久以來相當喜愛的收藏品，一種名為貝斯（Pez）的糖果盒子，包括卡通、動物和明星各式各樣的款式都有。

當時的收藏資訊並不流通，要找到喜歡的收藏品猶如大海撈針，可說是可遇不可求，也因此，每個收藏家都渴望能交流自己的收藏，皮埃爾的女友也不例外。她曾經表示，如果有一個地方能夠讓 Pez 的收藏家交流，進行買賣或交換，就真是一件太美妙的事了。這個構想，成為皮埃爾的商業原型。

　　於是，皮埃爾決定去實現這個想法，並在網路空間成立了一個專屬收藏家的拍賣網站。終於，原先難以湊齊的收藏品，從此有了網路的小天地，可以讓收藏家在上面互通有無，進行交換及買賣。

　　隨著拍賣網站的成功，愈來愈多不同類型的收藏家，開始想在這個拍賣網站進行收藏品的交換及買賣。有人想來這裡分享自己的收藏，有人想來這裡完整自己的收藏，於是供給和需求就這樣產生了，愈來愈多的交易與買賣在這個網站上進行，也愈來愈多人走進拍賣的網路世界。1995 年，皮埃爾正式成立了網路拍賣公司。

　　創業初始，皮埃爾只是在自己的住家中，利用閒暇時間，以兼職的方式建構拍賣網站，一台筆記型電腦，一張舊書桌，就是這家公司最初的全部資產，而當時這些簡單的設

備，確實也夠皮埃爾去架構網站了。

然而，隨著網站的成功及會員數增加，皮埃爾漸漸發現，這個網站所賺得的利潤，已經遠遠超過自己的正職薪水，於是皮埃爾毅然辭去白天的正職工作，全力投入自己的網路拍賣事業。

1997 年 9 月 1 日，皮埃爾‧歐米迪亞正式將公司的名稱改為 eBay。e 指的是電子，Bay 表示港灣，這是當時他和啟發他創業、後來成為他妻子的女友，一起居住的舊金山海灣區。

經過兩年的發展，eBay 已經擁有一套完善的經營模式，他提供全世界每一個人共同的網路市場，並從中收取刊登費及手續費，來維持網站的運作和發展。

eBay 營運的概念很明確，首先他們必須投入「設備成本」去建設基礎設施，之後再投入「營運成本」進行市場行銷和網站管理，而最主要的「營利」來自於向使用者收取的費用；不賣廣告，不賣使用者客戶資料，只依賴使用者的手續費和刊登費，扣除必要的成本之後，就足以為 eBay 帶來可觀的利潤。

事實上，拍賣的概念從相當久遠的時代就存在了，eBay

僅僅是將這個概念帶到網路世界，讓 eBay 扮演起類似大市集的角色。eBay 提供的拍賣服務遍及世界各國，而且在英國、德國、韓國、中國、日本和澳洲等國家成立分公司，進行當地的管理及營運。

隨著 eBay 拍賣物件愈來愈多，也曾經出現過許多讓人匪夷所思的商品，諸如以 490 萬美元成交的灣流 II 型（Gulfstream II）噴射機，也有最終沒人敢買下來的二戰時期潛水艇等等。

在 eBay 上，每天都有成千上萬的物品被放上去待價而沽，有時我們用不到、甚至視為垃圾的東西，可能在地球的另一個角落正有人需要它，eBay 讓所有人能夠在平等的條件下，進入這個世界超市買賣商品，將全世界的市場連結了起來。如今，eBay 已經成為全球最大的網路拍賣品牌。

eBay 結合古老的拍賣機制及現代的科技網路，創造了網路拍賣，在網路拍賣的世界裡，它連結賣家的供給及買家的需求，並同時提供雙方一個安全又便利的交易空間，就是這樣一個簡單的概念，讓 eBay 成為全世界最偉大的超級市場。

管理 「民主管理」

「民主」代表著由人民做主，並由人民來統治國家。eBay 的管理風格，就是追求「民主」。

在網路拍賣的世界中，eBay 就像是一個國家，連結買家與賣家的交易平台，然而，它本身並不銷售任何商品給買家，只是建立一個完善的市場機制，方便它的子民使用。

eBay 是全世界最熱衷於與客戶進行溝通的企業之一，eBay 提出了一個「客戶之聲」的計畫，例行性地邀請它的子民來到 eBay 總部進行「國會議談」，徵詢子民對於公司過去的表現、現有方針，以及未來計畫的意見，詢問子民 eBay 還能為他們做些什麼？eBay 不斷改進這個王國，讓制度和機制更貼近人們想要的面貌。

eBay 的管理理念認為，隨著公司規模擴大，必須找到 eBay 的「支持者」與「反對者」，並由高階主管親自與客戶代表面對面交換訊息。可以說，eBay 許許多多的改革及最好的構想，大都來自於他們的客戶，這樣的管理方式，比起其他企業的閉門造車，績效要好上太多了。

在 eBay，回饋論壇一直都是 eBay 改善自身的重要依

據。eBay 讓這個國度的使用者能自由進行銷售及溝通，表現出民主的思考與態度。eBay 始終相信，自由資本主義市場才能創造出最優質的市場交易環境。

　　eBay 好比一個自由的國度，賣方人民只要在這個國家裡付出租金，就可以開始擺攤做生意，買方則可以在這個民主國家裡自由逛街購物。

民主管理

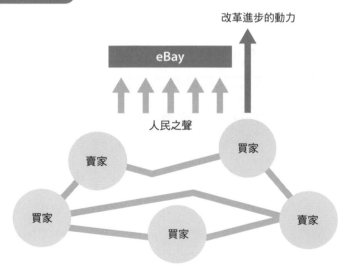

改革進步的動力

eBay

人民之聲

賣家

買家

買家

買家

賣家

行銷 「網拍行銷」

　　隨著 eBay 的誕生，愈來愈多人願意透過網路拍賣，在網路賣場上買賣東西。網拍行銷的方式，已經成為多數人做生意最佳的買賣管道，在這個環境中，不需被困在固定的工作空間，不需被綁在固定的工作時間，也不需受限於固定的工作收入。

　　網拍行銷入門簡單，因此幾乎所有的買家與賣家都願意投入其中，也因為這些人潮構築起網路拍賣的龐大商機。然而，由於幾乎沒有進入門檻，也就意味著競爭者眾，在這些賣家當中，能夠脫穎而出就屬於少數了，要在網拍行銷上立足，就要有更精準的行銷策略。

　　最常被使用的行銷策略概念，包括了麥卡錫（Jerome McCarthy）提出的行銷 4P 理論，以及羅伯特・洛特博恩（Robert Lauterborn）所提出的顧客 4C 理論。由於網路拍賣的世界更像一個完全自由競爭市場，因此這兩個概念更顯重要。

　　所謂行銷 4P，指的是產品（Product）、價格（Price）、通路（Place）、促銷（Promotion）。顧客 4C 則是指顧客需

求與欲望（Custom needs and wants）、顧客成本（Cost to the customer）、便利性（Convenience）和溝通（Communication）。

　　換言之，好的網拍行銷要能考量到顧客的需求、菜單成本和運費成本，以及能否提供一個便利且良好的溝通回饋管道，以使賣家回過頭來檢視自己要賣什麼產品、如何訂價和促銷，以及如何呈現賣場。

　　不同於看得到、摸得到的實體通路，網路行銷除了產品的品質很重要之外，專業的照片及包裝、清楚動人的文案就更顯得重要了。賣家要考慮的不單單是自己想怎麼賣，更重要的是應該如何讓顧客更有意願購買，這樣才能找到網拍市場的利基。

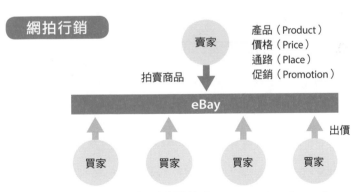

網拍行銷

賣家

拍賣商品

eBay

出價

買家　買家　買家　買家

產品（Product）
價格（Price）
通路（Place）
促銷（Promotion）

顧客需求與欲望（Custom needs and wants）
顧客成本（Cost to the customer）
便利性（Convenience）
溝通（Communication）

「虛擬貨幣」

　　我們在形容一個人或一家公司相當有錢時，常常會用俗話「開銀行、印鈔票」來形容，這背後所隱含的意思便是，當你能夠決定甚至創造「貨幣」時，你將是市場上的最大主宰者。

　　貨幣的存在，讓商品與服務產生了動態位移。在遠古時期，人們採取的是以物易物；而貨幣的出現，就成了價值標準的載具。從古代的銀兩進化到現代的紙幣，之後又有諸如信用卡、悠遊卡等電子晶片的使用，eBay 則是採用另一種「虛擬貨幣」PayPal。

　　如果全世界僅有 1 萬元時，只會存在 1 萬元的經濟流動，但假使全世界有 100 萬元，就能夠產生 100 萬元的經濟流動，帶動全世界成長。eBay 就在這個網路的世界超市中，採用了一種能夠在網路世界自由流通的貨幣 PayPal。

　　PayPal 於 1988 年由彼得・泰爾（Peter Thiel）及馬克斯・列夫琴（Max Levchin）建立。最早的想法是讓人們能夠在網路上安全地將錢幣移轉，整個過程只需要簡單的操作，但背後的便利性及意義卻是難以衡量。

PayPal 擁有完善又安全的保全系統，可保護交易順利及安全性，大大降低國際間交易的成本。根據統計，採用 PayPal 進行國際性付款的賣家，物品的成交率提高 20%，成交價格提高約 15%。

PayPal 擁有即時支付及入帳的特點，其虛擬貨幣的運轉性極強，且提供了世界各國貨幣的轉換管道，讓全世界人們能輕鬆地以自己國家的貨幣轉換成 PayPal，並藉由 PayPal 與全世界任何一個國家的賣家進行交易。

當 eBay 成為全世界的超級市場時，虛擬貨幣 PayPal 就是 eBay 最重要的貨幣利器，更成為網路上全世界通用的虛擬貨幣。

虛擬貨幣

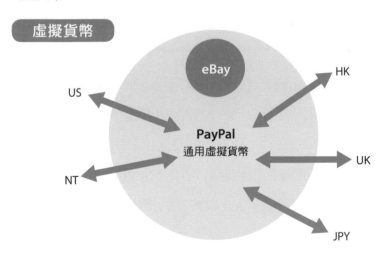

生產 「連結經濟」

過去，我們想要買一個商品，可能得搭車出門，到了目的地後，再步行一段路，才能走進商店裡，將想要的商品買回家。如今隨著 eBay 及網路拍賣平台興起，如今我們只要坐在電腦前動動手指，就能享受購物的便利與樂趣。

有趣的是，其實 eBay 本身並不賣商品，但 eBay 擁有許多賣家與買家用戶，而它只提供賣家與買家之間的「連結」，讓所有人都能簡單操作這套系統。儘管如此，eBay 卻創造了比實體商店更大的市場價值，這就是一種連結經濟。

eBay 的出現，為市場上的買賣雙方找到了一個強大的連結，讓整個市場更加透明，也因此破壞性地改變了市場的均衡價格。

eBay 普及化之後，有些收藏家抱怨，eBay 還未誕生前，許多珍貴的收藏品都有自己的通路，也許是一間店家，也許是一個不為人知的網站，最重要的是，由於這些通路並不廣為人知，因此買家都能以相對低的價格來滿足自己的收藏。eBay 出現後，競標者變多了，收藏品的價格也就扶搖直上。

有趣的是，買家抱怨 eBay 間接抬高了價格，相反地，

賣家也開始抱怨 eBay 壓低了他們的價格及利潤空間。在過去，業者只需跟自己的同業競爭，eBay 出現後，還要面對許多來自沒有店租成本的新競爭者挑戰，往往陷入價格競爭的循環。

或許 eBay 的出現，確實影響了市場價格，然而 eBay 只是加速一件本來就在發生的現象：讓市場的成交價格更快地趨近理想平衡，同時也為市場建立起價格制定的機制，這正是連結經濟的一環。

連結經濟

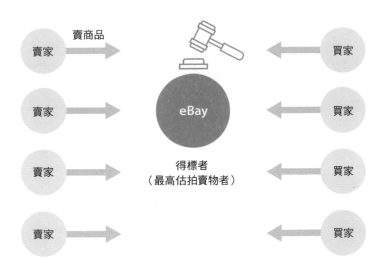

巨蟹座
Starbucks
霍華・舒茲

巨蟹座之形徽象徵著母性的光輝，因此巨蟹有著強烈保護家園的意識。

巨蟹座是水象星座之首，情感濃烈又充滿了家園觀念，重視感情並願意去適應環境，有母性又喜歡照顧人，能很快地了解他人的煩惱。有較強的道德觀念，欲望不強烈，而是全力去守護真正在乎的人事物。有時像螃蟹一樣，堅硬的外殼底下卻有著柔弱的內部，喜歡築起保護牆，念舊又重傳統。

愛家念舊的巨蟹座孕育了一個名為霍華・舒茲（Howard Schultz）的創業家，他創造了 Starbucks 咖啡廳，為人們打造了一個像家一樣舒適的休憩空間。

霍華・舒茲的創業故事

簡介：Starbucks 創辦人

生日：1953 年 7 月 19 日（巨蟹座）

　　1953 年，霍華・舒茲於紐約市布魯克林的貧民區出生，家境貧困的他，住在由政府為貧民所提供的公共住宅中。

　　在貧民區成長的孩子，自小就需承受貧窮的挑戰，在這種環境下成長的孩子可分為兩大類，第一類人隨波逐流喪失幹勁，過著終生與貧困及毒品為伍的人生；第二類人因為環境的惡劣，反而磨練出過人的意志力及對未來的期許。霍華屬於後者，從他 12 歲開始，就很清楚自己成長環境的艱困，而開始獨立自主找機會賺錢，為家計付出自己的一份心力。

　　雖然家裡不富有，霍華從小卻是個運動健將，從籃球、橄欖球到棒球等各項運動，都有相當優秀的場上表現。然而在貧民區運動場是相當有限的，因此他們通常得用比賽來決定球場的使用權，如果技不如人敗陣下來，往往就只能長時間坐在場邊成為觀眾，看著他人的表現。

　　好勝的霍華在這樣的競賽氛圍下，自小就培養出強大的

好勝心及鬥志，以及相當傑出的運動表現。之後，他順利獲得了大學的獎學金，成為貧民區中少數有機會上大學的人。

但是霍華很清楚，儘管自己運動能力出眾，但並沒有好到足以成為他未來掙大錢的工具。因此他很早就放棄了運動員這條路，反而花更多時間去打工兼差，讓自己完成學業，並在求學過程中修習大眾傳播、人際溝通、商業管理等課程，他認為這對於未來的工作會有所助益。

畢業之後，霍華找到了一份銷售員的工作，這是一份頗具挑戰的業務工作，很適合充滿野心及幹勁的他，於是在經過幾年的職場歷練後，他的工作績效屢屢拔得頭籌，商業才幹很快獲得了公司的認同，更一路升遷成為該公司美國分部的副總。

霍華看似找到了自己的舞台，其實他的心中，一直抱有一個創業夢，希望擁有一份真正屬於自己的事業。

1981 年，一張訂單的數字，吸引了霍華的注意，一家位於西雅圖名為 Starbucks 的咖啡廳，一次跟他們公司訂購了大量的咖啡壺，訂購的數量甚至不下於大型的百貨商場。

這樣的現象挑起了霍華的好奇心，他很快就決定啟程，遠從紐約千里迢迢地來到西雅圖，想要一睹這間咖啡廳，究

竟葫蘆裡賣了什麼藥，為何需要這麼多咖啡壺。

當霍華走進這間位於西雅圖的咖啡廳時，他立刻從這家咖啡廳中，感受到過去前所未有的咖啡氛圍。從裝潢、香氣到整間店的氣氛，都讓人感到特別的放鬆及舒適，不禁流連忘返，想一直賴在這個空間裡。

回到紐約之後，霍華抓住了這份悸動，決定辭掉原先在紐約的高薪工作，將自己的履歷帶來了這家咖啡廳，並擔任行銷主管一職。當時，他所有的朋友都認為他一定是瘋了，放棄了原本的高薪，選擇窩在一間小小的咖啡廳工作？然而，霍華知道自己要什麼，就這樣他一頭栽進了咖啡的世界中。

之後在一次的義大利旅行中，霍華得到了更多的咖啡體驗。在義大利，咖啡就是生活的一部分，而街上的咖啡廳，則是城市光景重要的象徵。

霍華體悟到：「人們走進咖啡廳並不是為了解渴，他們真正想要的，是咖啡廳的氛圍和休憩感。他們可以在這裡和家人、朋友談心，可以暫時放下工作及家務，這裡是他們在家庭與公司之外，生活中最重要的第三空間。」

於是霍華決定創業，籌資創立一家義大利風格的「每日

咖啡館」。霍華並沒有忘記 Starbucks 帶給他的感動，因此每日咖啡館所使用的原物料都是來自前老闆的 Starbucks 咖啡廳，甚至在烘豆及煮咖啡的技巧上，也獲得不少前老闆的指導。

霍華很清楚，這就是他真正想要的事業。最後他孤注一擲，籌措近 400 萬美元，向前老闆買下了咖啡廳，從此成為 Starbucks 的品牌掌舵者。

而他對於 Starbucks 的定位，是要讓 Starbucks 成為一個在居家及工作地點之外，最讓人們有歸屬感的第三空間。Starbucks 的商標設計採用 16 世紀希臘神話中雙尾人魚的概念，再搭配自己所創立的每日咖啡廳的綠色。

有了品牌，有了定位，霍華卓越的經營才幹有了發揮的舞台。於是，就在霍華戰戰兢兢地經營了十多年後，Starbucks 在西雅圖及鄰近的幾個州，已經成立了一百多家分店。

然而，Starbucks 的足跡並未停滯，再過數年，成功打響名號的 Starbucks 更將足跡踏向全世界，讓這個戴著王冠的綠色美人魚，林立在全世界最精華的每一個地段。

　　「溝通」是人際互動的一種過程，溝通的品質不但牽涉到人際關係，在商業活動中，溝通的良莠更決定了企業的成敗。管理學家切斯特‧巴納德（Chester Barnard）就曾說：「溝通是聯繫組織成員實現共同目標的手段。」*

　　溝通又可以分為正式性溝通和非正式性溝通。正式溝通指的是一般在組織內，依據組織的規定及原則進行例如公文交換、召開會議等事項；非正式溝通是指在正式溝通以外的訊息交流，一方面補強了正式溝通系統的不足，也是更自由多元的溝通管道。

　　從消費者的角度來看，Starbucks 似乎只是一家提供咖啡的咖啡廳，然而 Starbucks 所呈現的一切，都是一連串與供應商、員工及顧客，層層相扣堆砌出的「溝通管理」。

　　在與「供應商」的溝通上，一個全球連鎖品牌的供應鏈，決定了產品線的成敗，因此 Starbucks 從產量、品質到生產速度等，都有常態性的溝通會議及評鑑報告，來確保與供應商溝通的順暢。

　　在與「員工」的溝通上，Starbucks 提供了各種公開論

---

* 切斯特‧巴納德（1886～1961），系統理論創始人，現代管理理論之父，著有《經理人員的職能》、《組織與管理》等。

壇，讓員工了解公司的財務狀況，並讓站在第一線的員工進一步提出點子、意見和疑問。因此，Starbucks 的高層必須經常往來於世界各大城市，去蒐集不同城市夥伴 * 的想法和建議。

在與「顧客」的溝通上，這個重責大任，就落在了每一位員工身上。Starbucks 讓每位員工都必須習得咖啡知識、調理技巧及相關介紹，甚至要習慣在每一杯咖啡上親手寫上顧客的名字，透過自然而輕鬆的非正式溝通，建立與顧客的良好關係。

溝通管理，正是一連串供應商、員工與顧客的溝通過程，透過溝通取得有用的回饋，進而傳遞 Starbucks 的咖啡文化。

溝通管理

* Starbucks 門市人員會稱彼此為夥伴。

行銷 「體驗行銷」

體驗行銷強調「感覺」，而「感覺」是可以被用來行銷獲利的。嚴格來說，所謂消費者滿意度其實不過就是一種感受而已。Starbucks 抓住了這一點，突破過去「理性」銷售商品的思維，改從「感性」出發，向顧客販賣「感覺」。

Starbucks 想賣的不單單是一杯咖啡，同時也是賣整家咖啡廳所呈現的「體驗」，這種體驗包括了情感、感官及情境等。

「情感體驗」指的是顧客消費時產生的一種心理狀態。店家親切的服務、店內的人文氣息，走進來的人們能夠在這裡悠閒地度過一段開心的時光，與朋友談心，與伴侶談情，又或是享受獨處的時間。只要能夠創造正面的情感體驗，降低負面的情緒，就能成功引導人們愛上這個空間。

「感官體驗」是通過最直接的感官接觸，直接帶給消費者開心的體驗。一進到店內撲鼻而來的咖啡香，櫃檯旁則有各種生豆與烘焙豆所散發的香氣，最後再來一杯香醇可口的咖啡。從視覺、嗅覺、聽覺、觸覺到最後入口的味覺都滿足了，這就是感官體驗，也是最直接的體驗行銷。

「情境體驗」指的是環境所營造出來的整體體驗。Starbucks 以暖色燈光搭配柔和的音樂，加上掛在牆上的藝術作品，打造出一個典雅而自在的空間，提供人們徜徉在舒適的氛圍中。對 Starbucks 來說，咖啡只是一種載具，透過這個載具將獨有的人文格調傳達給顧客，打造極佳的情境體驗。

　　Starbucks 致力於創造讓人們流連忘返的體驗，這就是體驗行銷。

體驗行銷

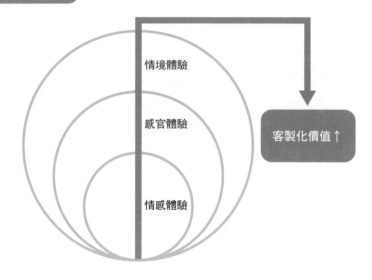

策略 「展店策略」

Starbucks 的成功，除了咖啡本身的體驗行銷外，想要擴展到全世界，如何擬定展店策略是最重要的課題。展店的過程又可以分為三環，分別為商圈評估、店址評估和店面設計。

「商圈評估」直接影響咖啡廳的經營型態、投資成本和回收效益等，同時也影響到未來的廣告宣傳及店面設計。要評估該商圈的消費習慣與生活模式，也要一併評估同一商圈的同業。咖啡是重視氛圍的產業，如果能夠結合商圈中其他具質感的店家，就能共同營造出整個城市的消費氛圍。

「店址評估」是另一個重要的課題。Starbucks 的店址講究能與建築物搭配，擁有整體定位的商業建築，或是臨街的三角窗店面，都擁有較佳的聚流效果。其次，在路寬的評估上並非愈大愈好，因為車流不等於人流，更不等於金流。因此，Starbucks 擁有獨立的房地產設計團隊，以進行精確的店址評估。

「店面設計」則決定了顧客對於咖啡廳的體驗。Starbucks 的設計獨樹一格，雖然全世界的 Starbucks 都有著

相似的設計風格，但又不會受固定的設計模組所限制。每當要增加一間分店，他們都會用數位相機拍下該地區的街景樣貌，並將照片傳回美國總部進行客製化設計，依不同的商圈及店址，打造出量身訂作的店貌。

透過商圈評估、店址評估和店面設計，全世界的 Starbucks 不但都能擁有 Starbucks 的元素，更能將全世界不同的城市文化融入在 Starbucks 咖啡廳的設計中，成為各大城市的路標及街景。

展店策略

生產 「神祕來賓」

　　一家咖啡廳的成敗，從餐點品質、服務品質到環境品質缺一不可，而為了更客觀地去評估這些項目，Starbucks 會採用「神祕來賓」的制度，來為每一家店的品質進行把關。

　　神祕來賓指的是一些連 Starbucks 員工都不認識的特別審查員，這些審查員會扮演成一般的顧客，進入 Starbucks 的餐廳進行消費，並按照 Starbucks 統一的評估標準，來為店家進行評分。

　　神祕來賓的制度，是在一般的制式管理之外，再委託具有考評機制的第三方單位，扮演成 Starbucks 的顧客，分別到各分店消費，再依照每個分店的服務品質、環境氛圍等進行綜合評比，再將評比結果作為未來升遷的依據。在 Starbucks 的組織中，就有不少夥伴通過神祕來賓的考核，獲得了晉升的機會。

　　由於這些神祕來賓，通常跟 Starbucks 並無直接關係，而是依 Starbucks 的評估標準特別請來的外聘人員，因此從管理階層的經理，一直到櫃檯的服務人員，都不會認識這些神祕來賓。有趣的是，這個神祕來賓的制度，又同時是所有

人都知道的公開祕密。

然而，神祕來賓既無固定的光顧時間，又無特定的審查人員，於是不知不覺間驅使著所有人，盡可能時時讓自己達到審查標準。

「神祕來賓」的制度，並不是要讓組織內部彼此諜對諜，而是為了檢驗每一杯咖啡是否合乎一致性的要求。Starbucks 希望帶給顧客的每一杯咖啡，都能達到統一的標準，為 Starbucks 的品牌價值打造出一道安全的鎖匙。

神祕來賓

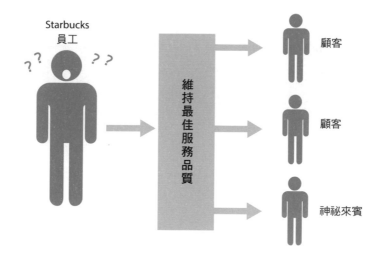

獅子座
FORD
亨利・福特

獅子座之形徽以獅子之尾為形，象徵著強悍及王者風範。

獅子座為一個王者星座，充滿了權威與領導力，擅長組織及帶頭，是標準的行動派。他們自尊心高，通常有一套自我的主張，有時會顯得較頑固且獨裁，是個英雄主義者。他們通常頗具群眾魅力，喜歡舞台，重視個人的表現，具有成為人中之王的野心。

自信尊榮的獅子座孕育了名為亨利・福特（Henry Ford）的創業家，他創立了福特汽車（FORD），將原先象徵著尊貴的汽車，普及全世界。

亨利・福特的創業故事

簡介：FORD 創辦人

生日：1863 年 7 月 30 日（獅子座）

　　1863 年亨利・福特出生於美國，雙親擁有一座農莊，亨利童年起就是個天生的機械迷，大人的工藝工具，是他最喜歡的兒時玩具。

　　有一次，亨利與父親坐馬車來到底特律，一路上馬車和手拉車來來往往，忽然在亨利的眼前，出現了一台發出巨大聲響、用蒸汽推動的車子，蒸汽車的前輪很大，還有戰車般的覆帶，帶著一只噴發著蒸汽的大汽鍋，看起來就像在馬路上跑的蒸汽火車。這帶給亨利相當大的震撼，也讓他興起打造一台屬於自己的車子的夢想。

　　亨利在 12 至 13 歲時，就能修理各種鐘錶及小型機械，到了 15 歲，他已經能夠打造出一台內燃機。父親給了他一塊自家戶外的林地，亨利就用砍下來的木頭，蓋出一間工作室，並在裡頭研究起汽車工藝，逐漸掌握汽車生產、裝配的關鍵與流程，靠著自學成了一名汽車技師。

　　亨利並沒有興趣繼承農場，他更熱愛機械工藝，於是他

在 17 歲時，選擇進入底特律的機械廠當學徒，一頭栽入了蒸汽機和內燃機等動力研究領域。

1891 年，亨利轉職進入愛迪生照明公司當工程師，由於工作能力出眾，1893 年就晉升為總工程師，此時的他，有更多的時間及資源投入在他有興趣的汽車研究上。1896 年，他成功打造了一輛二汽缸氣冷式四馬力汽車，並成功開上了馬路。

隨著經驗與資產的累積，亨利興起了創業的念頭。1889 年，他成立了一家底特律汽車公司，希望生產出自己理想中的汽車。

然而，由於他們生產的汽車品質較差，成本和價格又過高，不僅無法符合亨利的期望，也難以創造太多的市場價值，這次的創業，最終以失敗倒閉告終，亨利的第一家汽車公司，僅僅只生產了 25 輛汽車。

但這並未讓亨利打消了他的創業夢想，1903 年，亨利再次集資成立一家資本額 10 萬美元的汽車公司，也就是福特汽車。有了先前的經驗，這次他們更能掌握汽車生產的關鍵技術，亨利和他的工程師們，馬不停蹄地研製出 19 款不同的汽車，並依照字母順序，命名為 A 型車到 S 型車，有

的只是實驗性質的車型，並未在市面上推出，有的則已經相當接近完成品，足以滿足市場的基本需求。

1908 年，福特成功生產出第一輛 T 型平價車，最初售價是 850 美元，但福特相信薄利多銷，絕對比厚利少銷要好得多，因此不停改進生產流程，最終，T 型車的售價成功壓到了僅僅 200 多美元。

第一年，T 型車的產量達到 10660 輛，創下汽車產業的銷售紀錄，之後更在 1913 年，成功將原先用於屠宰場的「流水線生產」方式，移轉到汽車生產上。從此，福特汽車的產能與生產速度，有了破壞性的增長，到了 1921 年，福特的產能已經占全世界汽車總產量的 56.6%。

流水線生產方式最早源於 20 世紀初的屠宰場，將豬肉屠宰過程分成幾個工序，以輸送帶的方式，一個步驟一個步驟完成。但是製造一台車可不比殺一頭豬，因此當時根本沒有人想到將這套生產方式應用在汽車工業上。

亨利卻不這麼認為，他從汽車引擎中的磁電機著手，讓每一名工人不需自己完成整個磁電機的組裝，而是當輸送帶輸送到每個工序時，只需負責完成某一個零件組裝。原本一個電磁機可能需要用掉一個工人平均約 20 分鐘的時間，採

用這套生產模型並逐漸改良之後，生產一個電磁機的時間大大縮短至約 5 分鐘。

　　這套系統讓汽車生產的成本降低了一半，汽車的價格也得以調降，讓汽車更快走進了一般人的生活中。在生產面上，由於工人所需技能簡化了，部分單一工序還可以由身障人士完成，這套由亨利提出來的生產概念，不但提高了工業產能，更大幅促進了社會福利的進步。

　　亨利以科學化的生產管理為基礎，設計出移動式裝配線，以及新的生產序列，讓汽車從此成為大量生產的工業產品。福特汽車也在採用這套流水線生產製程之後，裝配速度提高了足足 8 倍，實現每 10 秒誕生一台汽車的傳奇。

　　亨利・福特不僅是汽車公司的創辦人，更帶動全世界汽車的蓬勃發展，讓汽車真正走進了一般的家庭生活。他於 1947 年逝世，葬禮當天，美國所有的汽車產線皆一起停工一分鐘，為這位汽車界的巨擘獻上最高的敬意。

管理 「工資管理」

　　在工資的設定上，如果你只給得起香蕉，自然只能請得起猴子，如果你給得起真金，才有機會請到具有真才實學的人才。

　　亨利‧福特認為，想要延攬好的人才，讓員工工作起來更有效率，好的工資福利是不可或缺的。一個好的企業領導人，目標應該是提供比同業都更高的工資與福利。

　　在福特汽車之前，一名工人的每日工時介於 9 小時至 12 小時，亨利‧福特則率先業界，修正為每天 8 小時，並將工廠常見的兩班制修正為三班制。他也提供高於當時所有同業的每天 5 美元工資，在 T 型車的全盛時期，更將提高到每天 6 美元。

　　亨利‧福特認為，高工資與好福利，看起來會增加人事成本，實際上卻反而有機會能降低營運成本。當組織成員對公司有認同感及向心力時，效率和產能也會因此提升。根據福特汽車統計，從採用特殊零件、節約耗材，以至廢棄物的處理，透過種種細節的掌握與改善，每年收益就可高達上千萬。而且通常最好的生產流程改造建議，往往就來自員工。

美國行為科學家及心理學家維克托・弗魯姆（Victor H. Vroom）所提出的「期望理論」（Expectancy Theory）就認為，當我們能將「努力」及「收穫」做出明確的連結，就能有效激勵人們的努力動機。當中的三個元素分別為努力（expectancy）、績效（instrumentality）和價值收穫（valence）。努力能創造績效，績效能帶來價值收穫。因此，當組織能夠提出一套明確的工資管理，讓人們的努力連結起工資價值，就可以產生顯著的激勵作用。

　　亨利・福特曾說：「企業家的準則：盡可能用最低的成本、最高的薪資，做出最好的產品。」

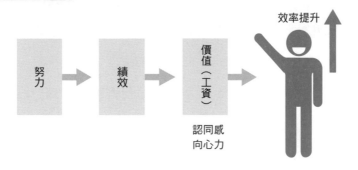

工資管理

努力 → 績效 → 價值（工資） → 效率提升

認同感
向心力

行銷 「價格行銷」

沒有賣不出去的產品,只有賣不出去的「價格」。這意指所有產品都有一個價格區間,想要「多銷」最直接的方式就是「薄利」降價。然而低價行銷,可能會犧牲最終獲利,除非能夠破壞性改變市場的「供給」。

在經濟學的供需模型中,市場的均衡價格及產量是由「供給」和「需求」所決定。供給指的是在相對價格之下,生產者願意提供的產量;需求則指隨著價格變化,消費者願意購買的數量。

對消費者而言,一項商品的價格愈高,市場上願意購買的量就會愈少;反之,價格愈低,願意購買的量就愈多。可以說「價位」直接影響到整個市場的銷售結果。

汽車過去因為生產不易,在供給量極少的情況下,最終的均衡價格極高,均衡數量卻極低,被視為是極少數富人才能消費的奢侈品。

亨利‧福特很清楚,如果汽車想要普及化,讓一般平民都買得起,「價位」絕對是關鍵。而要將價格降低,就必須增加「供給」。於是他在市場上原先「需求」不變的情況

下，透過汽車生產方式的創新，大幅創造了「供給」，帶來汽車產業的革新，提供大量平價的汽車供給，讓汽車走進一般家庭的購物清單中。

傳統的資本主義認為，東西賣愈貴愈好，亨利·福特卻認為，惟有透過產能創新，大量生產平價商品，才能創造供給者和需求者的永續雙贏。

價格行銷

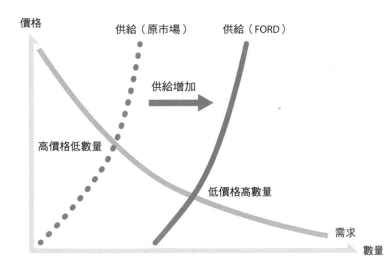

「成本策略」

　　哈佛商學院教授麥可・波特（Michael Porter）指出，企業的競爭策略可概分為三種，分別為「成本領導策略」、「差異化策略」和「目標集中策略」，而一家企業要想取得優勢，就必須做出明確的選擇。

　　汽車普及全球和福特汽車的成功，正是成功落實了「成本領導策略」。所謂成本領導策略，是指擁有同業中最強控制成本的能力，只要成本比競爭對手低，淨利就能優於同業，同時擁有更多的價格空間。

　　亨利・福特認為：「工業家必須遵守的規則：盡可能提高質量，盡可能降低成本。」

　　企業採用成本領導策略時，通常首要的目標都不是發展最高端的奢侈品，反而是要打造出更貼近大眾的平價品，透過提高生產效率來降低成本。福特汽車所打造的 T 型車一開始為 850 美元，之後透過規模化壓低生產成本，最終賣200 多美元都能獲利。

　　亨利・福特對於降低成本的策略有多堅持？ 1920 年，T型車曾有一段時間銷售量下滑，原因是其他品牌的車子加入

了新型的機械系統，並提供貸款購車。此時，亨利拒絕了跟風，因為他認為新系統及貸款體系，將拉高購車的成本，長期而言不利於汽車的發展。

不過，低成本策略並非萬靈丹，也有其風險及不適用的時候。當時福特汽車雖然價格較便宜，然而隨著人們所得增加，原先主打的低成本汽車漸漸滿足不了高所得民眾的需求，反而讓競爭對手以差異化策略，搶走了不少的市場。

但無庸置疑地，亨利‧福特的成本領導策略，不僅開啟了福特汽車的盛世，更揭開汽車工業的新章。

成本策略

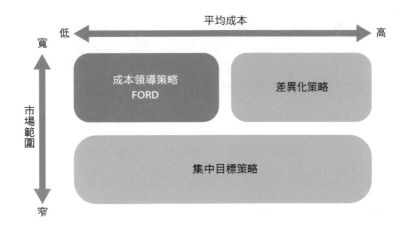

平均成本
低　　高
寬
市場範圍

成本領導策略
FORD

差異化策略

集中目標策略

窄

生產 「流水線生產」

要落實「低價行銷」和「成本策略」，必須滿足一個條件，就是生產效率的提升及創新。奧地利政治經濟學家熊彼得（Joseph Alois Schumpeter）認為，所謂創新就是將「生產要素」重新組合，破壞舊有的框架，找到新的生產結構，大幅提升生產效率。

而福特汽車的破壞性創新，正是「流水線生產」模型。流水線生產最早源自於肉品屠宰場，以標準化流程，將肉品肢解後，運送到相對應的位置，交由工人有效率的切片與包裝。

亨利・福特在一次的參訪之後，受到這些流程很大的啟發，豬肉能工業化生產，汽車零件難道不行嗎？

於是，他試著將流水線生產思維帶進汽車工廠，將汽車的每個零件、每個生產步驟一一分解，讓一名工人只需專注於一道工序，再透過傳送帶，將半成品傳到下一道工序，提高生產效率。在當時，他們詳細記錄下生產流程中所有步驟和所需時間，甚至連工人的每個動作都列入考量，以最經濟的方式達到最高的生產目標。

最初，福特汽車的生產，是在同一個工廠裡組裝整台車，每一輛車需用上將近 700 多個小時，之後隨著設計模組簡化，生產時間大幅縮短到僅需 12.5 小時，再將流水線生產模型反覆修正後，開始部門化精細分工，最終一台車的完成，僅僅需要 5 小時。

　　隨著福特汽車流水線生產模型的成功，當時光是福特 T 型車的產量，就足以超過全世界其他汽車的總產量。也奠定了福特汽車在汽車工業史上的傳奇地位。

流水線生產

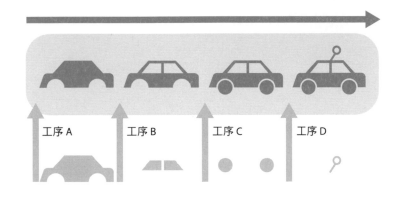

工序 A　　　工序 B　　　工序 C　　　工序 D

處女座
Berkshire Hathaway
華倫‧巴菲特

處女座之形徽以一個少女秀髮為形,象徵著完美主義。

處女座細心又謹慎,理性有條理,事事力求有始有終,經常被認為龜毛又有潔癖,是個完美主義者。從外表來看,處女座個性安靜又沉默,頗為低調內向,然而本質上對人對己都頗為嚴格,重視秩序及規矩,處事不輕易妥協。他們肯定知識的寶貴,也願意去搜集資訊並加以歸納及分析,頗適合擔任軍師角色。

細心敏銳的處女座孕育了一個名為華倫‧巴菲特(Warren Buffett)的創業家,他打造了波克夏‧海瑟威(Berkshire Hathaway),教會人們正確的投資理財觀念。

華倫・巴菲特的創業故事

簡介：波克夏・海瑟威創辦人

生日：1930 年 8 月 30 日（處女座）

1930 年，華倫・巴菲特出生於美國奧馬哈（Omaha）市，他的家庭頗為富裕，父親是兩任美國國會議員，同時是位成功的商人。祖父則在奧馬哈市經營一家雜貨店。兒時的巴菲特在人際關係上非常沒有自信，甚至有些社交障礙，比起交朋友，他更熱愛數字及賺錢。

巴菲特六歲時，開始向經營超市的爺爺批貨，挨家挨戶賣起了口香糖。一位女性曾希望他能拆封單賣一片口香糖給她，巴菲特卻不假思索地拒絕了，因為當時的他，已經懂得考慮剩下四片口香糖滯銷的風險性。

之後他曾在高爾夫球場撿球轉手販售，也在課餘時間做報童，甚至將彈珠機出租給理髮店的老闆等，可以說兒時的巴菲特，腦袋已經裝滿了不少賺錢的點子。

十二歲那年，巴菲特在圖書館借了一本名為《一千種賺到一千元方法》（*One Thousand Ways to Make $1000*）的書，書中提到美國的財富機會正在敞開，但是如果不開始去掙錢

就永遠掙不到，這也開啟了巴菲特想賺更多錢的念頭。

當時的巴菲特靠著幾年來販售口香糖及可樂等，存到了他第一筆積蓄 120 美元。於是巴菲特將這筆錢透過父親，以每股 38.25 美元的價格，買進了他人生中的第一張股票。

結果這張股票一路跌到 27 美元，巴菲特第一次感受到投資的風險及壓力。幸好股票後來回升到 40 美元，巴菲特見狀迫不及待地獲利了結，沒想到它又一路漲到 202 美元。

在這次的投資中，巴菲特學到了三件事：第一，不應該過於重視股票的浮動價格；第二，不應該未經思考眼見些微損失就衝動下判斷；第三，因為投資的不確定性太高了，如果不確定性高就不要隨便與他人合夥。

1947 年，巴菲特進入賓夕法尼亞大學專攻財務管理，兩年後，他對於這些理論感到厭倦，轉入哥倫比亞大學金融系，拜師於知名經濟學家班傑明‧葛拉漢（Benjamin Graham）＊門下，葛拉漢主張投資須分析企業的資產及未來前景，指出最明智的投資是看到企業的本質。巴菲特在師長的耳濡目染之下，奠定其投資的風格與基礎。

1951 年，巴菲特學成畢業後，他已經完全沉迷於投資的世界了，這時候巴菲特的資產來到了 2 萬美元，並仍在持續

＊班傑明‧葛拉漢被譽為「價值投資之父」，華爾街專業投資人，後來回到母校哥倫比亞大學任教，首度開設證券分析課程，啟發包括巴菲特等許多成功人士投資理念的導師。

累積。到了 1955 年，他的資產已經成長到 17 萬美元，他開始發揮偵探辦案的精神，抽絲剝繭地研究他感興趣的公司；他會翻出該公司所有的資料，並試著從市場中找到那些股價低於公司價值的股票，再親自去拜訪了解這家公司。

當時巴菲特在美國麻州找到名為 Union Street Railway 的公司，他分析後認為，該公司的股票應該有 60 美元價值，但當時股價只有 30 至 35 美元，於是他立刻從紐約開車到麻州拜訪，隨後大量買進這家公司的股票。最後證明巴菲特壓對寶，Union Street Railway 的股價後來整整翻了一倍。

1962 年，巴菲特與合夥人共同成立了巴菲特聯合有限公司（Buffett Associates, Ltd.），並收購了波克夏·海瑟威，到了 1964 年，他所掌管的資金已高達 2200 萬美元。過了兩年，美國股市一飛沖天來到了歷史高點，所有投資人都樂壞了，只有巴菲特開心不起來，因為他發現已經很難在市場中找到符合他投資標準的便宜股票，這讓巴菲特感到很不安。

1968 年，巴菲特主掌的股票增值了 59%，遠遠高於當時道瓊指數的 9%，掌管的資金更已超過上億美元，就在這個人人為股市瘋狂的時刻，巴菲特卻忽然宣布解散巴菲特聯合有限公司，並清算其股票。神奇的是，就在他清算的隔

年，美國股災降臨，所有股票應聲下跌逾 50%，整個股市哀鴻遍野，加上長期的通貨膨脹和低所得成長，讓美國經濟進入了停滯期。此時巴菲特卻暗暗期待著，因為他發現他又能夠在市場上，找到許多符合他投資標準的股票了。

巴菲特以其精準的投資判斷，持續累積財富，之後他花大把的資金買入《華盛頓郵報》股票，而隨著巴菲特的投入，《華盛頓郵報》每年都有平均 35% 的成長。1980 年，他用 1.2 億美元買進每股 10.96 美元的可口可樂股票，到了 1985 年，可口可樂的股價已經翻了五倍來到 51.5 美元。1992 年他又以 74 美元的價格買下通用動力的股票，在同年年底，這支股票漲到了 113 美元。

巴菲特睿智的眼光，將投資視為經營企業，迅速創造了龐大的資產價值；他也一直倡導正確的投資觀念，有人稱他為「奧馬哈的先知」，也有人直接叫他「股神」。

不過，巴菲特認為，「我能擁有這些財富，這個社會才是最大的功臣；因為有這樣的投資環境，才能締造今日的結果。」2006 年，巴菲特宣布捐出高達 370 億美元的財產給慈善公益組織，為當時史上最高額捐款。他不但是一個偉大的投資家，更是一個偉大的慈善家。

管理 「賦權管理」

　　由於投資金額鉅大，巴菲特對於目標投資企業，通常擁有重大的影響力及決策權。即便如此，他並不認為自己的責任及價值在於直接管理公司，而應該是提供資源與資金給他認同的好公司；同時「賦權」給適任的管理階層，帶領公司繼續成長。

　　他喜歡採取賦權的方式來經營他所投資的公司，並尊重這些經營團隊，不會派人空降要職，這樣的投資特質也讓巴菲特在進行收購協商時，往往擁有更大的主動權及優勢。

　　賦權管理的概念是讓管理者擁有決策權及執行權，巴菲特一向採取放權且賦權的方式，來管理他投資的公司。他不過度干涉公司運作，只負責制定公司主管的績效報酬，讓管理者有足夠的發揮空間，像一個創業家一樣為公司創造績效。

　　美國社會心理學家、哈佛大學教授大衛・麥克利蘭（David McClelland）提出的「三需求理論」（Three Needs Theory）就指出，要讓人們持續成長，必須滿足他們內心的三樣需求，分別為「成就需求」、「權力需求」和「歸屬

需求」；而要同時滿足這三個需求，是否「賦權」就相當重要。「歸屬需求」為最基本需求，但惟有賦權，才能滿足一定的「權力需求」，讓人們擁有控制力及影響力，才能帶來自主性及創新力，進而實現「成就需求」。

巴菲特在進行任何投資活動時，第一步就是評估該公司經營團隊的人格特質，他認為用人要看誠信、聰明及活力，但若沒有誠信，光有聰明反而會誤事，因此賦權管理中誠信尤其重要。他會花上許多時間去好好認識並挑選與自己共事的人，因此無論一間公司再怎麼具吸引力，如果人不對，就沒有投資價值。

賦權管理

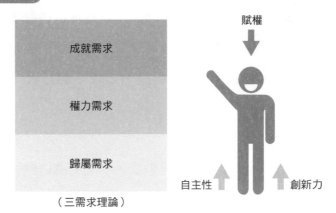

成就需求

權力需求

歸屬需求

（三需求理論）

賦權

自主性　創新力

行銷 「數字行銷」

　　巴菲特為何被譽為「股神」及「先知」？如何去證明他的先知卓見？事實上人們只看一樣東西，就是他投資標的物的成長「數字」。

　　巴菲特不到十歲時，就懂得從人們喝剩的飲料罐數目，去分析哪些飲料品牌較受歡迎，再以批發價買下這些飲料，轉賣給鄰居。透過運用並分析這些數據，來判斷自己下一步的決策。

　　在股市，有些人會將自己的「短期」報酬率拿出來說嘴，事實上這並不客觀，第一有可能只是大盤指數上揚，賺到了大環境的報酬；第二有可能這只是短期的報酬率，無法代表長期投資績效，而這些都是因為沒有看透數字的本質。

　　巴菲特認為，要衡量投資績效，首先要以大盤指數表現為基準，無論當年賺錢或虧錢，惟有不輸給大盤指數才算好；其次，投資績效至少要看三年以上數字，不應以短期數字為基準。

　　學會看透並運用數字很重要，反之，透過包裝數字來行銷，也能產生影響力。數字遊戲一直存在於我們的生活中，

各大百貨公司週年慶時，往往會一口氣推出五花八門的促銷活動，滿千送百、全館八折、滿額來店禮等等。

但是如果看不透「數字行銷」背後的「真實數字」，有時就容易產生誤判。最常拿來討論的例子便是加量及折價的學問，當產品加量 50% 或折扣 35%，哪個較優惠？由於 50% 明顯高於 35%，因此不少人會誤以為加量 50% 更優惠，事實上加量 50% 僅等於 33.33% 的折扣，隱含的折扣反而更低。

無論要進行管理決策或是行銷決策，懂得看透數字，再用數字說話，都能大大提升影響力。

數字行銷

on sale

加量 50%　　加價 35%

? ?

策略 「投資策略」

在股市的投資上，可概分為「技術分析」、「價值投資」和「指數型投資」等幾種策略。巴菲特則是價值投資的信奉者，用值得的價格，買進值得投資的公司，獲取值得的報酬。

巴菲特認為一個睿智的投資者，應該用合理的價格買進好公司，而不是用便宜的價格買進爛公司。要看透企業的本質及未來，而非純粹短期套利，只需要思考兩件事：什麼公司值得買？用什麼價格買？

有趣的是，身為「價值投資」者，他卻建議一般投資者選擇管理費很低的「指數型投資」就好，他甚至曾經和一家基金管理公司定下「十年賭約」。當時巴菲特認為只要選擇一支 S&P500（標普 500）的「指數型投資」，就能打敗專業投顧公司精選的任五支基金。

十年結果出爐後，巴菲特指定的指數型基金報酬率高達125.8%，而專業基金公司選出的五支基金中，報酬率最高的一支為 87.7%，最低的僅有 2.8%，證明巴菲特的建議絕非只是大放厥詞。

但是，他自己採取「價值投資」，卻建議別人採取「指數型投資」，這又是為什麼？

正因為巴菲特認為，每個人所掌握的資金、資源、資訊及風險承受度皆不盡相同，自己的投資方法除了需要大量分析能力之外，每一位投資人也並非都擁有跟自己相同的資金和資源。因此「指數型投資」就成了相對穩健的建議。

他說投資就像滾雪球，你只要找到較濕的雪，和一段長坡道，雪球就會愈滾愈大，而這個雪球和坡道，每個人所找到的不盡相同，因此重要的是，找出最適合自己的投資策略。

投資策略

技術分析	價值投資	指數型投資
分析線圖 預測買點	用好價格 買好公司	追求大盤 平均報酬

找出最適個人投資策略

生產 「風險評估」

高風險高報酬，是普世的投資價值觀，所以有不少人認為，巴菲特的投資績效如此卓越，想必一定有不少高風險的投資行為。

事實上正好相反，巴菲特是一個極度重視風險策略的投資者，更認為如果沒有合理的報酬，他連小風險都不願意承擔。

在數十年的投資生涯中，他從來不過度運用財務槓桿，也幾乎不炒短線，所以幾乎沒有遭受重大的風險及虧損，並隨時重視風險的存在及影響性，做好風險評估、控制與規避。巴菲特曾說：「一名聰明的投資人，並不需要做對很多事，重要的是，不要犯重大的過錯。」

巴菲特認為，當一家公司的財務報表讓人看不懂時，千萬不要買，這代表這家公司並不想被了解，而投資這樣的公司相當危險。投資人要看透的是投資和企業經營的本質，而非高風險的短期套利。

常有人說雞蛋不要放在同一個籃子裡，以達到分散投資風險的目的。巴菲特卻抱持相反的看法，他認為應該把雞蛋

放在同一個籃子裡，並小心地看好它。投資就是要選擇自己熟悉，而且能夠掌握的標的。事實上，把雞蛋分開放或是放一起並沒有絕對的對錯，差別就在於你是否有辦法去判別籃子的好壞，以及你是否能夠全心全力去看顧籃子裡的雞蛋。

巴菲特認為，與其去打敗毒龍，不如避開毒龍。睿智的投資者不承擔不可控的風險，而是謹慎評估可能的風險，加以規避、控制，以追求長期穩定的利潤。

風險評估

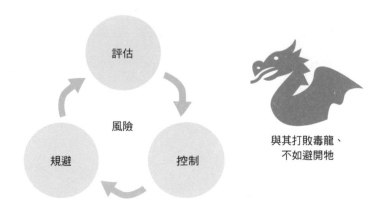

與其打敗毒龍、
不如避開牠

天秤座
McDonald's
雷・克洛克

天秤座之形徵為一秤皿的形狀，象徵著公平與均衡。

天秤座愛好平衡與和諧，重視友善的人際關係，善於社交及包裝自己，同時又具有公平的批判力，能夠冷靜而理智地看待事情，具有和平解決事情的能力。天秤座追求公平，凡事力求中庸，然而有時因為過於瞻前顧後，在一些重要的抉擇時刻，會顯得沒有效率。

平衡協調的天秤座孕育了名為雷・克洛克（Ray Kroc）的創業家，他接手並擴展了麥當勞（McDonald's），成為全世界最知名的餐飲品牌。

雷・克洛克的創業故事

簡介：McDonald's 創辦人

生日：1902 年 10 月 5 日（天秤座）

　　雷・克洛克出生於 1902 年的美國，他完成中學學業之後，美國陷入經濟大蕭條的恐慌年代。

　　於是雷放棄了上大學的機會，投入房地產事業中，對房地產的經驗及敏銳度。雷憑著對工作的幹勁和熱情，將房地產事業做得有聲有色，也賺進了他的第一桶金。

　　無奈 1939 年，第二次世界大戰爆發，戰爭隨之而生的不確定性，讓雷的房地產事業一蹶不振。於是雷被迫轉職，陸續待過許多不同的行業，之後他成為一名奶昔機器的推銷商，此時，他已經超過 50 歲了。

　　日子還是得過，就在這樣一成不變的推銷職涯中，1954年迎來了轉機。偶然的一個機會下，業務報表上的一行數字吸引了雷的目光。這家餐廳一口氣跟他訂購了八台奶昔機，這已經不是尋常店家的用量了，這數字讓雷感到相當好奇，決定動身前往，親自探訪這家店。

　　當雷遠從千里而來，首先映入眼簾的是一個小小的停車

場餐廳中，擠滿了上百個用餐的客人，店員熱情招呼著每位來訪的客人。而令人驚豔的是，這家餐廳提供的餐點快速、便宜又有效率，短短 15 秒內就能夠出餐。

最重要的是，它所採用的出餐流程，方法簡單到無論誰去打工都學得起來。雷宗全被眼前的景象所震懾，他直覺認為，如果能夠把眼前這套系統擴展到世界各地，將是一個不可限量的大生意。

雷在下定決心之後，立刻動身去說服餐廳的主人麥當勞兄弟（McDonald's），希望將他們製造漢堡的方法及流程，建立起一套特許經營的加盟事業，讓這套供餐系統能夠被複製並擴展開來。

最初，麥當勞兄弟對於雷的想法，壓根一點兒興趣都沒有，因為對他們來說，光是這間麥當勞就足以讓他們一年賺上十多萬美元，而且也夠他們忙的了，何必自找麻煩去冒風險呢？

雖然一開始碰了釘子，仍然沒有澆熄雷的決心，他以三顧茅廬的精神屢屢向麥當勞兄弟提出合作邀約。為了達成目的，雷甚至開出一份不平等條約，把大部分的利潤都分給麥當勞兄弟，自己只保留極微薄的經營獲利，最終才讓兩兄弟

點頭，接受雷的提議，讓雷去販售麥當勞的連鎖加盟權。此時雷已經 52 歲了。

就在雷好不容易獲得了麥當勞的連鎖擴展權後，第一步，就是在美國的伊利諾州開第一家麥當勞連鎖餐廳，並創辦麥當勞體系公司。房地產及推銷員出身的雷，非常善於站在市場及消費者的角度看事情，也讓麥當勞的加盟體系很快上了軌道，成為一個品質穩定的系統，站穩了麥當勞大展鴻圖的起點。

雷並未停下腳步，他為麥當勞辛苦征討商場多年之後，麥當勞從原本只有一間店，擴展成擁有兩百多間加盟店的大型連鎖企業。最後，雷做了一個重要且關鍵的決定，他把所有的身家財產加上所有信用貸款透支到了極限，以 270 萬美元的代價，將麥當勞這個商標從麥當勞兄弟手中買下來，成為麥當勞的真正主人，從此能一手決定並打造這個龐大的事業。

麥當勞以一個金黃色的 M 型雙拱門作為商標，象徵著歡樂與美味，這也正是麥當勞想讓消費者留下的最主要印象。在雷·克洛克傑出的經營手腕下，麥當勞的成長速度相當驚人，麥當勞迎來創業十週年紀念的時候，當時美國已經

有七百多家麥當勞餐廳，而這個金黃色的 Logo 並沒有要停下來休息的意思，更馬不停蹄地朝全世界各個角落邁進。

雷·克洛克不只是將麥當勞視為一家餐廳，他在體系中增加大量的不動產及行銷人員，並投資大筆房地產物件，將長期承租或購入土地再租給加盟主；而為了讓每一間加盟店維持相同的品質，雷拒絕任何特許權的轉讓，親自掌控加盟店的品質與管理。

雷·克洛克與所有麥當勞的加盟主，建立起相當緊密的合作關係，由於加盟店的營業額決定了總公司的利潤，因此他們的利益及立場是一致的，而非站在對立面。所以麥當勞不只是借出商標，更將整套生意系統都複製給加盟主，讓每間加盟店一致遵循麥當勞的標準系統。

到了今日，麥當勞已經成為全世界最有價值的餐飲品牌，而麥當勞的金黃色足跡，更幾乎踏遍了全世界每一寸最具價值的土地。

麥當勞的經營並非一帆風順，也曾經面臨嚴重的虧損，甚至出現事業存續的危機。於是雷・克洛克立刻開始為組織把脈找問題，隨即發現，當時麥當勞各分處的管理績效相當不理想，最主要的原因，在於大多數主管及經理人員所培養出的官僚陋習。

這些人都喜歡待在辦公室，躺在舒適的沙發椅上紙上談兵，出一張嘴指揮下屬完成任務。可是光坐在辦公室，根本無法確實了解餐飲現場的變化，許多實務上的重大問題都因此忽略改善，並形成許多錯誤的決策。

該如何改善？

當時，雷・克洛克下令鋸掉所有主管及經理人員的椅背，讓這些人從此無法靠在舒適的主管椅上，逼他們只好離開辦公室，親自走進工作現場。而當這些人願意長時間待在現場，也才發現了自己過去的諸多盲點，並領悟到大老闆的用心。

於是，所有主管統統主動走入工作現場，以行動去了解並解決問題，在這樣的風氣之下，麥當勞的管理績效終於出

現轉機，業績也隨之提升了，從此，「走動管理」的思維，成為麥當勞中很重要的管理文化。

這個理念也用在人才的聘僱上，他們尋找的幾乎都不是出類拔萃的頂尖人才，因為人才是留不住的，腳踏實地的員工才是麥當勞要爭取的。因此，他們應徵員工時並不舉行考試，而是透過對談了解應徵者對於工作的態度。因為技能可以學習，態度卻不容易改變。

惟有願意「走動」，才有機會看見問題，也才有機會解決問題。

走動管理

紙上談兵
（數據、報告）

走動管理
（現場、管理）

行銷 「綁架行銷」

在大部分家庭中，父母是家中經濟的主要來源。然而在消費和支出上，卻通常繞著孩子的需求打轉。因此，「綁架行銷」的思維就在於，綁架主要的目標消費者，讓他的家人或親友一起成為消費者。

雷·克洛克打從一開始，就不只是把麥當勞視為一家餐廳，他想賣的不僅僅是漢堡，而是孩子嚮往的氛圍。於是，麥當勞設計了一系列的卡通明星，從麥當勞叔叔、漢堡神偷、大鳥姊姊到奶昔大哥，營造出一個孩子喜歡的世界。

麥當勞一直將全世界 12 歲以下的孩子，視為他們最重要的目標顧客，為孩子設計各式各樣的活動、玩具、生日派對，希望在他們內心留下在麥當勞的愉悅感受。因此，許多孩子可能還不識字，卻一定都認得麥當勞的金黃色拱門，並想辦法拉著家人，一起走進這道拱門。

這就是「綁架行銷」，只攻占目標消費者的心。一般來說，全家人出門用餐時，孩子能夠掌握重要的決策權，當孩子想去麥當勞，家長大多會一起前往。

不過，麥當勞看到的可不只是現在，孩提時期的飲食習

慣通常會影響人們一輩子，而麥當勞認為，一旦抓住了孩子的心，就等於抓住了未來 20 年下一代的心。

　　麥當勞的「綁架行銷」，不但「綁架」了現在的孩子，更「綁架」了孩子的未來，在他們的記憶裡，麥當勞就是那陪伴他們從童年、青少年直至長大成人的天地。

綁架行銷

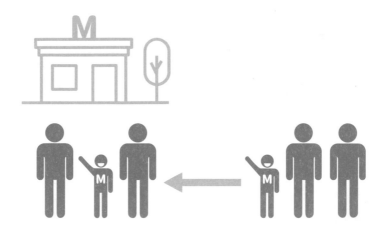

策略 「特許加盟」

　　麥當勞能夠不停地擴張，屹立不搖在全世界每個主要城市的角落，絕非光憑餐飲模式的成功，最關鍵的原因，在於其「特許加盟」模型的成功。

　　雷·克洛克就曾經表示，其實麥當勞根本不是餐飲業，而是房地產事業，而房地產，指的正是麥當勞特許加盟的營運模式。

　　跟一般的房地產公司不同，麥當勞是以租賃的模式來經營自家的房地產。麥當勞在成功建立起品牌價值之後，取得加盟主及銀行的信任，就透過標準化來複製成功經驗，透過特許加盟來達到快速擴張的目標。

　　麥當勞的整體收入僅有三分之一來自直營店，其餘都來自加盟店；而房地產收入就占這部分營收的 90%。與其說麥當勞做餐飲，不如說更像是一家地產商。

　　麥當勞的房地產事業，是透過總公司負責尋找合適的開店地址，並長期承租或購入之後，再租給新的加盟主，從中獲得利潤；與此同時，還能獲得新的保證金，因此麥當勞並不需要付出高額的代價，就能在房地產中快速地累積資本，

迅速擴張版圖。

　　而特許加盟的概念，必須建立在麥當勞能夠完全掌握品質的前提下，讓顧客得以在不同城市的不同角落，享受到相同品質的餐點，不會因為不同的加盟店有所差異。

　　所以麥當勞提出一套「QSCV」的觀念，也就是「品質」、「服務」、「清潔」和「超值」，特許加盟要成功，在加盟店落實並完整複製核心價值，無疑是最關鍵的挑戰。

特許加盟

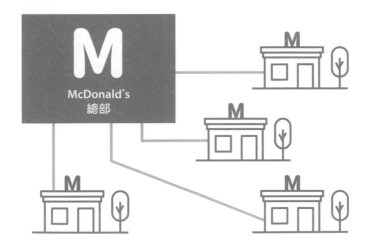

生產 「標準流程」

麥當勞以特許加盟的經營方式，迅速擴張而獲得成功，而加盟要成功，制定一套完整標準作業流程（Standard Operating Procedures，SOP），就成為相當重要的課題。

所謂 SOP，指的是將原本多個工序及任務，設計出一套固定且最有效率的制式流程，讓每個人都能照著這套流程走，不但能省時、省資源，更能提高整體生產效率。

工業革命之前，農業是人們賴以維生的主要經濟模式，當時最重要的價值投入是「體力」和「時間」，正所謂盤中飧「粒粒皆辛苦」。即使在經營餐廳上，不少人仍然貫徹著這樣的經營思維，賺的是時薪與體力活。

然而麥當勞最初的成功，就在於他跳脫了農業經濟的思維，透過工業經濟，將工業的 SOP 轉而用來經營餐廳，讓整間餐廳的生產效率大幅提升。

麥當勞完整的出餐系統，包含每一個動作上的細節及要求：從炸薯條、煎肉、包裝漢堡並出餐，從薯條的油炸時間、漢堡的閒置時間到客人的服務時間，都是 SOP 的一環，並經過反覆的測試和修正，讓交到客人手上的每一個漢

堡都擁有一樣的製作過程、一樣的品質。

　　這套管理思維要成功，除了建立 SOP 之外，還必須有一個能跳脫傳統思維的經營者，隨時掌控例外事項的決策，也確保並監督這套系統的順暢運作。

　　談到麥営勞的成功，SOP 的執行，扮演著不可或缺的角色。

標準流程

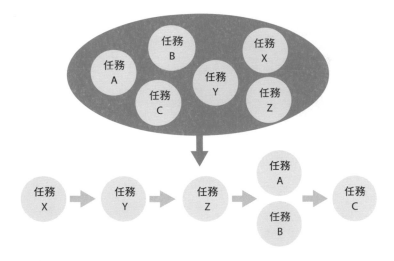

天蠍座
Microsoft
比爾·蓋茲

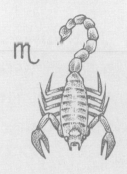

天蠍座之形徽為一隻蠍子，象徵著神祕的魅力。

天蠍座有著特有的神祕感，具有獨特的吸引力，雖然觀察細微，卻相當習慣靠感覺來決定一切。他們有強大的支配力，不但有精力又有膽子，敏銳又有野心，好強不輕易妥協，熱衷於自我超越。此外，他們也有著極端、獨裁、殘酷等革命家的特質，有時讓人感到畏懼。

神祕莫測的天蠍座孕育了名為比爾·蓋茲（Bill Gates）的創業家，他創造了微軟（Microsoft），便利了人們的生活，也豐富全世界人們的視野。

比爾·蓋茲的創業故事

簡介：微軟創辦人

生日：1955 年 10 月 28 日（天蠍座）

　　1955 年比爾·蓋茲出生於美國華盛頓州的西雅圖，家境相當優渥，有一個姊姊和一個妹妹，父親威廉·蓋茲（William Gates）是一名執業律師，母親瑪麗·蓋茲（Mary Gates）則是銀行董事，外祖父更曾任國家銀行行長。

　　比爾的家人從小就非常注重孩子的教育，並讓孩子能夠自主地去發展自己的興趣。在比爾小時候，他的祖母就經常為他閱讀許多有趣的故事及文章，培養他對閱讀的興趣，祖孫兩人還會一起玩許多激盪智力的遊戲。

　　比爾 7 歲的時候，求知若渴的他，已經不能滿足只從祖母身上來了解世界了，此時的比爾最常抱著一本又重又厚的「世界百科全書」，來滿足他對這個世界的好奇心，彷彿想一鼓作氣吸收全世界的知識一樣。

　　1962 年，比爾開始上小學。學校教育就像是知識的寶庫，只要你願意，每一個人都可以在這裡獲得許多的知識和資訊，比爾在學校的學業成績並沒有特別傑出，但是他的數

學能力遠遠超過了其他同學。

他就讀湖濱中學時，認識了與他興趣相投的好友保羅·艾倫（Paul Allen），也是在這個時期，比爾開始接觸電腦語言，而他很快就無法自拔地愛上它，成為他最感興趣的知識領域。透過不斷地精進，當時的他甚至已經可以開始編製出不少有價值的軟體，再透過販賣程式著作權獲利。

1973 年，比爾進入哈佛大學就讀，上大學之後，他更能全心埋首於電腦的世界裡，而那正是一個網路及電腦產業，慢慢燃起小火花的時代。他與同窗好友保羅在一本電子雜誌中看到一篇關於英特爾（Intel）處理器晶片的報導，他們預感，這個晶片會愈做愈好且愈來愈便宜，這同時也代表著電腦普及的時代可能將會來臨。

大三那年，比爾決定離開校園，將所有心力放在自己想要打造的電腦事業。1975 年，比爾與保羅·艾倫兩人更決定放手一搏，聯手打造他們的電腦品牌微軟，一起開拓屬於他們的電腦世界。此時，電腦的發展已經漸漸步上軌道，直到 1980 年蘋果（Apple）推出個人電腦，個人電腦的發展儼然成為科技業中兵家必爭之地。

當時，大廠 IBM 正在計畫進入個人電腦市場，並於 1981

年正式推出個人電腦。但是，IBM 需要先找到一個適合的作業系統。MS-DOS（MicroSoft Disk Operating System，微軟磁碟作業系統）的問世，是比爾・蓋茲和微軟成長的最大契機。MS-DOS 是電腦的基本作業系統，正因為微軟掌握這套系統，讓他有了與當時的科技巨擘 IBM 合作的機會，不但協助 IBM 成功打入個人電腦市場，最重要的是，這次的合作，讓微軟以不可思議的速度快速成長，奠定微軟在軟體市場中的獨占及領導地位。

MS-DOS 的成功，讓比爾擁有更多的資本去招攬更多的優秀人才，不過，無數的投資者也看到了這個產業的光明前景，陸續投入這個市場，帶給他一定的危機感。

況且平心而論，MS-DOS 系統對於一般民眾而言，學習上並不容易，比爾認為，如果要掌握更大的個人電腦商機，就得讓系統更人性化及直覺化。

1995 年 8 月 24 日，比爾・蓋茲在微軟的產品發表會上，正式將革命性的新產品「Windows 95」介紹給世人，他站在偌大的屏幕前，一一演示 Windows 95 將帶給人們的新介面、新的操控思維，這個系統擺脫了過去電腦採用的一連串數位和代碼，將所有使用者需求圖形化，讓電腦從此成為簡

單又易操作的產品。

Windows 95 給人最大的印象，莫過於在介面左下方有個「開始」按扭，使用者可以輕鬆點入，尋找自己想要的功能。Windows 95 的誕生，也正式終結了微軟與其他作業系統商之間的戰爭，奠定微軟在系統軟體的龍頭地位。

比爾·蓋茲以一套電腦系統，改變全世界的生活方式，帶動科技產業畫時代的進步，而他也成為世界首富的代名詞。

據說他當時每秒鐘能賺進 250 美元，因此如果他不小心將一張千元大鈔掉在地上，以機會成本的觀念來說，他不應該去撿，因為彎下腰這幾秒鐘，他能夠創造更大的經濟產值。全世界有將近 200 個國家，如果將比爾·蓋茲當成一個國家，他個人的財富將比起全世界 80% 以上的國家還要多，事實上他也曾蟬聯世界首富多年。

過去，他在商場中被視為一個快、狠、準的科技撒旦，有人認為他有著蛇蠍心腸，有人則認為他的成功，是踩在一堆競爭者的身上爬上去的。

然而，他從微軟退休後，全心投入公益活動，毫不眷戀捐出全部財產 580 億美元，為了讓世界更美好，不遺餘力。而他這一生的傳奇故事，早已成為科技史上最精采的一頁。

管理 「知識管理」

對於任何存放在圖書館或硬碟中的內容，我們稱之為「資料」；當我們進一步整理及歸檔，足以反映現況的就成了「資訊」；假使這些資訊能夠被用來解決問題及反映未來，才是一種「知識」，而如何管理這些「知識」就成為知識經濟時代最重要的課題。

所謂的知識管理，便是建構出一套將資料、資訊及知識，進行蒐集、創造、記錄、儲存後，進而有效運用的過程。透過知識經濟的累積，就能更有效地做出正確的決策與未來發展。

比爾‧蓋茲是一個卓越的知識管理者，而微軟被認為是一個最成功的「學習型組織」。他強調企業經營應透過團隊學習，建構起組織的知識資本，讓公司的核心價值與知識融入每一名員工的思維，營造出適合知識學習的環境。

他也為了知識管理擬定許多的策略，首先，他鼓勵內部必須不停地自我批評與自我學習，讓內部資訊進行頻繁的交流和回饋；更依照大學的藍圖創辦了 Microsoft 校園，提供微軟員工進修知識。

微軟被視為世界上最小的大企業，這個稱號便在於比爾・蓋茲始終主張小型的團隊組織，才得以擁有高效率的知識經濟創造力和決策力，不僅能夠快速推陳出新，組織間也能快速交叉授權及資源分享。

　　比爾・蓋茲的知識管理，造就出一支優秀的團隊，開發一系列優秀的產品，人類的經濟發展已經從過去的勞力、資本密集，轉化為當今的知識經濟時代。

　　他始終深信，學習型組織才是組織能不停成長的原動力。絕不能停下學習的腳步，才能不停地創新及前進。

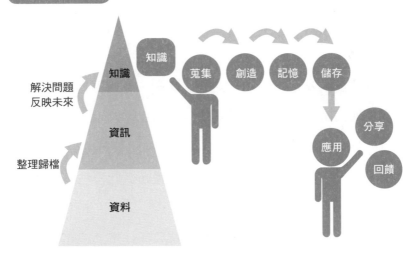

知識管理

解決問題
反映未來

整理歸檔

知識

資訊

資料

知識

蒐集　創造　記憶　儲存

應用

分享

回饋

人們常說，一個良好的化學反應，應該要一加一大於二，指的是兩樣元素的結合應該要創造雙贏。而這樣的思維也反映在微軟的「捆綁行銷」上。

由微軟主導的 Windows 系統，幾乎縱橫了電腦世界數十年，而在 Windows 95 出現之前，MS-DOS 的問世，可說是讓個人電腦真正走進一般人生活的重要里程碑。

當時為了杜絕氾濫的盜版軟體，比爾‧蓋茲和 IBM 達成了一項協議，將 MS-DOS 軟體和個人電腦進行「捆綁」，讓 MS-DOS 成為 IBM 電腦的必備軟體。此一行銷模式讓 IBM 及微軟獲得龐大的商業利益，更確立了微軟在軟體產業的領先地位。

微軟進入 Windows 時代之後，比爾‧蓋茲更直接將自家研發的 Internet Explorer 瀏覽器（IE）綁定 Windows 系統，進行強制性地捆綁行銷。當時 Windows 已經成為全球性的作業系統，這樣的捆綁行銷讓其他軟體商從此再也無法追上 Windows，以及微軟的市場壟斷地位。

捆綁行銷意指將兩個以上不同的品牌或產品，在行銷過

程中以捆綁販售的模式，藉以擴大雙方的共同影響力。

　　捆綁行銷可以為企業帶來不少優勢，包括降低成本、資源共享，以及提高服務品質，透過合作強化面對風險的能力。如果是與知名品牌捆綁，更能提升自身的形象。

　　聰明的捆綁行銷，是要成為一加一大於二的佳偶；錯誤的捆綁行銷，則是一加一小於二的怨偶。找到對的合作對象，讓彼此間的資源能夠加乘，優缺點得以互補，才是好的捆綁行銷。

捆綁行銷

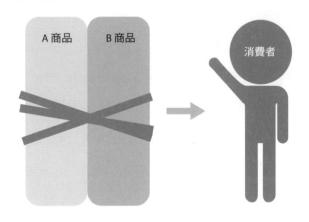

策略 「進入障礙」

當一家公司或品牌擁有他人不具有的資源或優勢，讓其他公司或品牌難以打入市場，或是得付出不合比例的代價時，這就代表擁有「進入障礙」。

倫敦商學院客座教授、當代最具影響力的管理學家哈默爾（Gary Hamel），以及全球排名第一的商業思想家普哈拉（C.K. Prahalad）都曾提出，企業要在長期競爭中脫穎而出，一定要找到核心競爭力，形成「進入障礙」。而這個核心競爭力，可以三個標準來辨識：分別為價值性、差異性和延展性。意即這個競爭力要能夠帶來實際的價值，而且差異化難以模仿，同時可以衍生出更多的產品及服務。

微軟夾帶作業系統的優勢，幾乎同時囊括價值性、差異性與延展性等競爭策略，形成極為強大的進入障礙。

除了將 IE 瀏覽器直接綁定 Windows 系統，進行強制性的捆綁行銷之外，微軟也自行研發套裝軟體 Office，作為 Windows 系統中相容性最高也最通用的辦公軟體；Office 上市後更一舉成為最熱賣的商業軟體，幾乎完全壟斷軟體市場，形成強大的進入障礙。

進入障礙的成型，有許多不同的方法，例如規模經濟的形成、顧客轉換成本過高、通路策略、技術或資金的門檻等等。可以說，一家企業或一項產品想要永續獲利，一定要建立一座護城河，形成產業的進入障礙。

　　不過，微軟所打造的進入障礙，也為他們帶來了一些麻煩。美國的法院認為，微軟此舉違反了反壟斷法（反托拉斯法）。這道法律認為市場應處於自由競爭狀態，才能充分發揮市場的創意與潛力。

　　然而很多判例都認為，微軟並不是反托拉斯法的企業，因為微軟一直是個創新企業，為消費者帶來便利的科技生活，更別說是阻礙發展的殺手了＊。

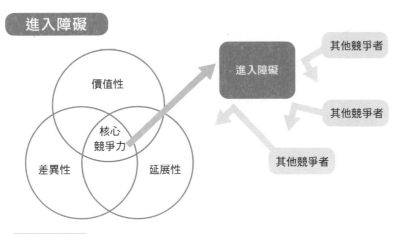

進入障礙

價值性
核心
競爭力
差異性　延展性

進入障礙
其他競爭者
其他競爭者
其他競爭者

＊這場 20 世紀美國最大的反壟斷訴訟「美國訴微軟案」於 1998 年 5 月 18 日正式開打，美國司法部聯合美國 20 個州政府，以反壟斷訴訟起訴微軟，此案的目的是控告微軟在自家作業系統 Windows 中綁定 IE 瀏覽器，透過這種不正當的強制銷售使微軟得以獨占瀏覽器市場。這場官司共耗時 3 年，美國司法部和微軟最終在 2001 年達成和解。

生產 「協同演化」

提出物競天擇說的達爾文曾說：「最終能生存下來的物種，不是最強的，也不是最聰明的，而是最能適應改變的物種。」「協同演化」正是一種極富智慧的物種策略，意指不同的物種，透過互相影響，讓彼此演化成更強的物種，得以面對環境的改變。

例如蛾類需要蘭花的花蜜生存，蘭花也需要蛾類散布花粉以進行繁衍，這種互利又是競爭的演化過程，就稱為「協同演化」。

品牌與企業也是相同的道理，隨著品牌價值的提升，客戶的要求也愈來愈高，最後演化的結果，讓整個大環境的要求都變高了。然而，若能確實掌握與業界的合作關係，讓產業鏈一起成長，就能跟上大環境的高要求，並且創造新的趨勢。

比爾‧蓋茲很早就了解到這個道理，並迅速抓住與大企業合作的機會，包括將 IBM 電腦結合微軟作業系統，更曾與英特爾寫下了強大的「Wintel」聯盟神話，造就電腦產業中軟體與硬體的最強組合＊。

＊1980 年代，微軟和英特爾組成了 Wintel 聯盟，即 Windows-Intel。當時在微軟與英特爾的強大號召力之下，眾多硬體、軟體廠商結合形成一個牢不可破的生態體系。

微軟的發展策略從來都不是孤軍奮戰，而是抓住和大廠合作的契機，為自己帶來競爭優勢，同時看準未來的發展領域，藉由許多的硬體商、軟體商到代理商的結盟，透過協同演化模式，發展出屬於自己的核心競爭力。

　　企業與企業之間，有時並不一定只是單純的競爭關係。競爭的本質在於爭搶同一塊大餅，如果這塊大餅就那麼大，在前仆後繼湧入的競爭者之下，能爭到的也所剩無幾。

　　協同演化的重點在於藉由品牌與品牌之間的合作，創造出新的價值，將整個市場的大餅做大。當然，合作之餘，也存在著競爭，這也是人們在協同演化的過程中，不斷前進的動力。

協同演化

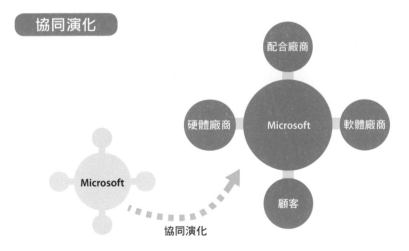

射手座
Disney
華特 · 迪士尼

射手座之形徽以一枝飛箭為形，象徵著不受拘束與追求自由。

不自由毋寧死，是射手座的座右銘，他們追求靈魂的自由及生活的新鮮感，樂觀又有活力，熱愛嘗試新的挑戰。他們能夠忠於自己，找到了自己的興趣後就會全力衝刺。剛直又率真，加上外向健談，他們往往頗具團體感染力，由於有著無法被束縛的靈魂，往往是個天生的享樂主義者。

樂觀自由的射手座孕育名為華特 · 迪士尼（Walter Disney）的創業家，他創造了迪士尼（Disney），為全世界人們帶來了最純真的童話與歡笑。

華特・迪士尼的創業故事

簡介：迪士尼創辦人

生日：1901 年 12 月 5 日（射手座）

　　華特・迪士尼出生於美國芝加哥，父親在他 5 歲時，用全部家當買了一個小農場，華特最喜歡在田野樹林間玩耍。從小，華特的腦袋就裝滿了許許多多的想像，他在繪畫上擁有天賦並極感興趣，只要一有靈感，就會在白紙上盡情揮灑他的創造力。

　　他的繪畫天分極佳，曾經有位醫生看上他的作品，花了 5 角錢買下了他的畫作，之後還付錢希望華特為自己的馬臨摹。

　　之後父親病倒，華特的家裡將農場賣掉，並搬到堪薩斯城，此時華特只能半工半讀送報維生。由於得早起送報，華特在課堂中經常打瞌睡作白日夢，就算醒著的時間，也都在塗鴉，因此並不是老師眼中的好學生。上了中學，他仍然不斷畫畫，還負責起校刊裡的漫畫專欄。

　　或許是興趣和天性使然，他長大後的第一份工作，就是進入電影廣告公司擔任漫畫學徒。如此一來，他就有更多機

會從事他熱愛的漫畫，而他的才華也有了表現的空間，作品屢屢受到人們肯定。

1923 年，22 歲的華特懷抱起創業夢，並前往好萊塢與哥哥洛伊共同成立「迪士尼兄弟動畫工作室」（Disney Brothers Studio），正式將兒時興趣變成自己的事業。在那個年代，動畫技術還停留在無聲的黑白片階段，而動畫僅僅被視為電影上映前的開胃菜，只能用來暖場，並非市場上的主流娛樂媒體。

在動畫片不被重視的年代，華特仍堅持走自己感興趣的路，以兒時的想像力來創作動畫。華特的第一部作品《愛麗絲在卡通國》（Alice Comedies），是由真人與動畫聯手演出的黑白無聲短片，後來又陸續推出《小歡樂》、《小紅帽》等作品，都有不錯的市場回饋。隨著廣受好評，華特的動畫事業漸漸步上了軌道，並在 1926 年擴大工作室規模，並更名為「華特迪士尼工作室」（Walt Disney Studio）。

然而事業很難一帆風順，1927 年動畫版權上的問題，為華特帶來了不少的麻煩，也吃足苦頭，讓他開始正視版權的重要性，並將版權視為未來作品及事業的重要課題。

隨著作品愈來愈多，華特認為必須創造一個代表性的卡

通明星，腦海中萌發的雛形，是一隻能帶給人們快樂的老鼠，這隻老鼠熱心、善良又勇敢，就算碰到挫折，也永遠能夠快樂以對，成為孩子的模範。

華特原本為這隻老鼠取名為莫蒂默（Mortimer），妻子莉蓮卻提供了另一個好名字，且一直延用至今：米老鼠（Mickey Mouse）！*

1928 年，米老鼠主演的作品《飛機迷》（Plane Crazy）和《飛奔的高卓人》（The Gallopin' Gaucho）陸續上映，卻沒有獲得期望的迴響。此時，有聲電影漸漸興起，於是華特開始思考，如果米奇能夠發出聲音，將是一件多麼棒的事。於是以米老鼠為主角的全世界第一部有聲動畫片，《汽船威利號》（Steamboat Willie）就這樣誕生了。

或許是聲光結合的成功，這部動畫獲得了空前迴響，當時動畫片仍然是電影上映前的開胃菜，隨著這部作品的成功，這個既定印象也出現轉變，慢慢地，人們走進電影院不是為了看電影，而是想看電影上映前的米老鼠動畫，米老鼠讓華特・迪士尼從此成為一位家喻戶曉的動畫名人。

不過，華特並沒有因此而自滿，他立刻找到了下一個目標，創作一部真正的動畫電影，而不僅僅是電影上映前的暖

* 米老鼠原本的全名為 Michael Theodore Mouse，後來華特・迪士尼想簡化成「Mortimer」（莫蒂默），卻遭妻子反對。妻子說「Mickey Mouse」這個名字比較可愛，華特就這樣被說服了。後來 Mortimer 成為米老鼠在動畫中的勁敵名字。

身片，而這部全世界第一部動畫電影就是《白雪公主與七個小矮人》（Snow White and the Seven Dwarfs）。

眾人原先並不看好這部動畫能夠成為賣座電影，然而在好萊塢進行首演時，卻獲得了空前的好評，叫好又叫座，更有許多好萊塢巨星躬逢其盛，成功開啟動畫史上的新頁，更獲得了奧斯卡金像獎的肯定。

從此，動畫不再只是一道電影的開胃菜，而正式成為一種顯學，也奠定了華特・迪士尼動畫王國的基礎。

隨著迪士尼動畫風行，1955 年迪士尼樂園在加州正式開幕，華特・迪士尼筆下的動畫世界跳出來與全世界的人見面，每一個孩子都想走進迪士尼樂園這座夢幻王國。

華特・迪士尼打造了一個所有孩子嚮往的國度，在迪士尼的世界中，有活潑可愛的動物、善良的公主、果敢的勇士，以及純真美好的夢境；雖然也有駭人的巫婆與可怕的暴風雨，然而到了故事最後，都能撥雲見日，重現美好與希望。

華特・迪士尼抓住了自己的興趣及天賦，發揮想像力，讓一家小小的工作室，最終成為一個全世界的動畫王國。而他創造的米老鼠，也穿越時空打動了不同時代的每一個孩子，即使在長大之後，仍不忘內心那份最真摯的純真。

米老鼠，這個由華特・迪士尼於 20 世紀創造的卡通人物，至今仍然風靡全世界。而這隻魅力十足的米老鼠，也是迪士尼願景管理中最重要的代表角色。

所謂願景，指的是一家企業或組織所有成員共同擁有的價值觀，也是每個人未來努力的方向；而所謂願景管理，便是依據願景的擬定來發展組織目標、策略與行動方針，以作為組織方向的導航指引。願景應該明確扼要，讓所有人都能了解，而成功的願景管理可以激勵組織成員，同時激發他們的潛能。

現代管理學之父彼得・杜拉克（Peter Drucker）提出的「SMART 理論」指出，設定任何願景和目標時，必須掌握五個原則：分別為具體的（Specific）、可衡量的（Measurable）、可達成的（Attainable）、相關的（Relevant），以及有時效的（Time-bound），讓組織所有成員都能有所依歸。

迪士尼大學（Disney University）* 開了一門課，除了講師之外，還有一位神祕來賓與大家見面，這位來賓就是米老鼠。米老鼠象徵著迪士尼的歷史，也代表每一位在迪士尼工

*為華特迪士尼影業集團為培訓員工所創立的機構，是打造企業文化與成功品牌經驗的幕後推手。

作的夥伴，將一起創造米老鼠的童話世界，這就是迪士尼的文化願景。

在迪士尼中，所有夥伴都被稱為「Cast Member」，即為表演者之一，他們不僅僅是員工，更是演員，無論是在門口堆滿笑容迎接顧客的同仁，還是戴上卡通頭套的演員，從周邊商品的銷售員到設施的解說員，所有的一切都是由迪士尼的「願景」所衍生的演出。

當孩子走進迪士尼樂園，迪士尼的每一位動畫明星，從米老鼠、唐老鴨、高飛狗到許多童話的公主，栩栩如生地出現在眼前，就是要讓孩子們相信，迪士尼的童話世界是真實地存在。

願景管理

SMART 原則
明確的
可衡量
可實現
相關的
時間期限

願景
目標
策略
行動方案

行銷 「神迷理論」

華特・迪士尼認為，無論我們長到多大，每個人的心中仍然住著一個孩子，而他的心願，就是為每個人找到這個孩子。

他曾說：「只要幻想存在這世界，迪士尼樂園就永遠不會有完工的一天。」從一開始的米老鼠、唐老鴨、高飛狗到白雪公主，到之後每一部上映的迪士尼動畫電影，不同時代的每一個動畫明星，都滿足了當時人們心中住著的那個孩子，帶給他們快樂。

在快樂經濟學（Economics of Happiness）的思維中，快樂是能夠拿來販售的，「神迷理論」則指出，快樂的體驗是可以被設計的，並能運用於各種服務及商品中。快樂的共通點並不是輕鬆，反而是讓人們動起來投入其中，此時在過程中會呈現一種「神迷」的快樂狀態。

為何孩子們為一件事著迷時，能夠花費一整天的時間也不覺得膩，因為此時他們根本忘了時間，脫離現實，進入神迷的狀態，以致時光飛逝而渾然不覺，完完全全專注沉迷在自己的世界裡。

要讓人們進入神迷狀態的一個重點，在於讓參與其中的人，覺得自己待在一個充滿想像力的世界，但不能太脫離現實，過於夢幻會讓人焦慮，而太真實又讓人無趣。最好施以一些技巧及挑戰，畢竟所有童話都有難關得過，但不能難到讓人想放棄，而是要感到經歷千辛萬苦之後，終於獲得了最後的成功。

設計神迷行銷時，必須目標明確，同時設計一連串有趣的挑戰及體驗，如果能夠成功找到其中的神迷地帶，就能讓人們樂此不疲，因此迪士尼的童話一定都具有夢幻元素，而迪士尼樂園的遊樂設施，也一定具有一些挑戰性。

神迷理論

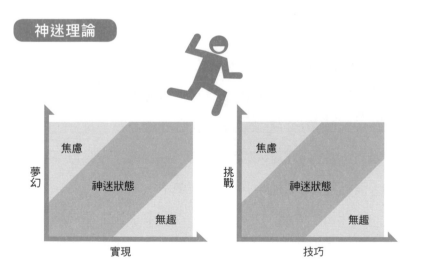

危機策略指的是企業在面對各種危機時，所進行的因應策略，主要目的在於降低或消除危機可能帶來的損害。危機策略被視為一門專門的管理科學，若能預先建立起防範機制和措施，危機發生時才能妥善應變，而迪士尼在危機處理上的案例足以成為標竿。

危機應變能力從細節中就可以看出，孩子是迪士尼樂園最重要的客人，然而，偌大的樂園中常有孩子和家人走散，但迪士尼幾乎不用廣播來尋找這些走失的孩子，因為廣播不但會帶給其他遊客壓力，也會破壞迪士尼精心打造的童話世界。

那麼，他們該怎麼做？迪士尼樂園的每一位夥伴，時時刻刻都在注意是否有落單的孩子，一旦發現有孩子走失，會先帶孩子到他喜愛的遊樂設施，再迅速確認孩子身分，找到他的家人。當家人心急如焚趕來時，只見孩子一點也不緊張害怕，而且玩得正開心，神迷在遊戲中。

2011 年日本爆發 311 大地震，當時東京迪士尼樂園中有 7 萬多名遊客受困，面對突如其來的天災，迪士尼照理說可

以先休園，將所有遊客請出樂園外。

　　然而他們沒有這麼做，反而開放整個園區安置遊客，並提供足夠的禦寒衣物及餐點，讓所有遊客能夠安心地待著休息。直到外界交通慢慢恢復正常之後，已經是隔天中午了，此時迪士尼開始協助這 7 萬多名遊客，一一離園平安返家。

　　迪士尼的危機策略，不但保障遊客的安全，讓他們安心，更鞏固了迪士尼在民眾心目中的美好印象。

危機策略

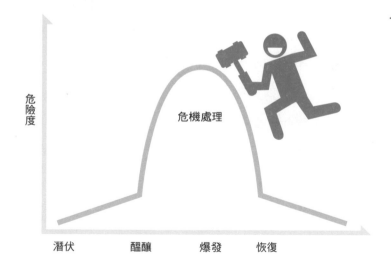

生產 「典範移植」

典範移植的理論指出，一項典範往往會隨時間而不停地變化移轉，而迪士尼的成功之處便在於，它不但能在某個時間點內將迪士尼的典範移植到全世界的迪士尼中，當迪士尼的典範進化及革新之後，全世界的迪士尼樂園同樣也能隨新的典範進化。

迪士尼的成功在於它能夠透過移植，將迪士尼的童話元素傳達到各地。

迪士尼樂園在世界各地興建時，採取的做法是全面性移植美國的迪士尼樂園，從美式文化、美式飲食到美式設計，將原汁原味的美國迪士尼典範帶到全世界，帶到日本東京、香港和巴黎，不同的城市都能成功移植迪士尼的典範，米老鼠、唐老鴨、高飛狗到孩子們所有耳熟能詳的動畫角色，都走向全世界接觸每一個孩子。

此外，迪士尼另一個成功的典範移植，則是它能夠將迪士尼的風格與元素，移植到另一個既有的故事框架中。

迪士尼的童話故事中，從白雪公主、睡美人、灰姑娘、愛麗絲夢遊仙境、花木蘭、阿拉丁到冰雪奇緣，是全世界孩

子必讀的經典，有趣的是，這一部部膾炙人口的作品，最早的故事根本不是迪士尼原創，而是迪士尼以經典故事為原型，將特有的動畫風格移植其中後，改編而成的新作品。

即便如此，當大家談到這些經典童話時，迪士尼所改編的版本，卻成為全世界人們最為熟知的故事樣貌。

典範移植是迪士尼的成功之道，不但為迪士尼創造了可觀的商業價值，更讓迪士尼風格，成功移植、流傳到世界的每個角落。

典範移植

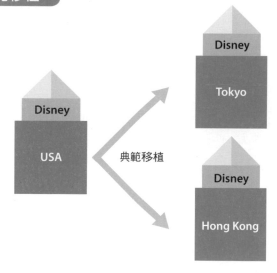

摩羯座
Amazon
傑夫‧貝佐斯

摩羯座之形徽以一頭山羊為形,象徵著堅定與耐心。

摩羯座踏實、有耐心又守規矩,意志堅定,富組織力,有時為了完成目標,會顯得有些無情,但整體而言頗具正義感。他們保守、念舊,也懂得自省,重視實質利益且理性,很清楚自己想要什麼,也清楚目標在何方。重視風險控管,不太追求一步登天,而習慣扎實地累積成就。

內斂踏實的摩羯座孕育了創業家傑夫‧貝佐斯(Jeff Bezos),他創造了亞馬遜書城(Amazon),將全世界的知識寶庫收納其中。

傑夫・貝佐斯的創業故事

簡介：亞馬遜創辦人

生日：1964 年 1 月 12 日（摩羯座）

　　1964 年傑夫・貝佐斯出生於墨西哥，兒時的傑夫有著強大的探索欲，在他 3 歲時，就已經開始對自己睡的嬰兒床感到不滿，因為他認為那張床太小，困住了他的行動及探索。

　　於是 3 歲的傑夫找到機會，就拿螺絲起子等工具，動手把嬰兒床拆了。他的家人見狀全嚇呆了，為了不讓他再拆床，只好為他換了張更大的床。

　　他還曾經透過遙控一只電子鐘，惡作劇地將小表弟反鎖在房門外，甚至把父親的車庫改成了自己的實驗室，當成自己惡搞及發明的祕密基地。

　　傑夫從 4 歲開始，每個夏天都會來到祖父的牧場工作，這個牧場有 2 萬 5 千英畝，傑夫要負責清理牛糞、閹割牛隻、接種奶牛，幾乎要處理所有大大小小的雜活。正因如此，傑夫培養出了專注力，對於工作堅持不懈的精神，以及事必躬親的工作態度，整整 12 個年頭的夏天，傑夫都是這樣度過。

傑夫雖然喜歡待在牧場的自然環境中，有時卻像個標準的書呆子，喜歡把自己關在房間，或是整天泡在圖書館，徜徉在浩瀚的書海裡，一整天看書也不厭倦。有時候，他會過度投入書中的情境，時而大笑時而傷感，無意間製造不少的噪音，常因此被圖書館館員趕出門，然而即便如此，也無法阻止他對閱讀的熱愛。

傑夫從大學畢業之後，進入華爾街的科技業工作，後來又進入一家貿易公司，為公司架設整套網路系統，隨後又到一家避險基金公司擔任副總裁，負責設計極為複雜的金融工程系統。

有一天，他發現網際網路的使用人數，呈現了倍數的成長，一年的成長率竟高達 23 倍。傑夫心想這絕對是未來的趨勢，也燃起了創業的念頭。於是他毅然放棄了華爾街的高薪職位，從紐約一路橫越美國來到了西雅圖，作為他創業的起始點。

傑夫打算做什麼呢？他深信天生的興趣，能夠引領人們找到正確的方向。他曾說：「人們常犯一個錯誤，就是強迫自己對某事物感興趣。事實上，不是你選擇對什麼感興趣，而是你感興趣的事選擇了你。」

因此，從小喜愛書本的傑夫決定，要在網路世界中賣自己最喜愛的書，作為創業的利基點。創業初始他只賣一樣商品，就是書，因為他認為必須專注在一個市場，才能充分滿足這個市場真正的需求；而選擇西雅圖，是因為最大的書商物流就在西雅圖。

　　1994 年，傑夫創辦了亞馬遜。謹慎的他在創辦亞馬遜後的第一步，是先開始學習如何在實體書店賣書。他參加了美國書商協會的課程，學習成為一名書店老闆，內容包括財務運作、顧客服務和庫存管理等等。

　　過了 10 個月後，傑夫對於市場有了一定的認識，才正式將書城的概念放到線上運作，當時大型的實體書店能夠提供大約 15 萬本書籍銷售，而亞馬遜在 1995 年書城開賣時，就已經能夠銷售超過 100 萬本書了，這也讓亞馬遜網路書城踏出了成功的第一步。

　　然而，這條路並不總是順暢。亞馬遜曾經呈現長期虧損，尤其在 2000 年網路泡沫化時，亞馬遜的股價更是從一百美元應聲跌到只剩六美元，傑夫也頓時成為眾矢之的。

　　但這並未讓他洩氣，依舊堅持著自己的方向。傑夫在寫給股東的第一封信上，標題便是斗大的「重點在長期」，

他認為，如果我們進行的事情需要 3 年，那必定有許多的競爭者，當我們願意投資 7 年的時間，我們的競爭者將微乎其微，而亞馬遜願意花 5 到 7 年來播種，並等待公司成長。在傑夫的眼中，開展事業不可或缺的就是固執的願景、靈活的細節。

傑夫擁有大多數人缺乏的耐心與膽識，即使公司長期虧損，他仍堅持走在他認為正確的道路上。回過頭來看，傑夫的想法無疑是對的，亞馬遜在他經營下的未來幾年，呈現了快速的成長，最終一舉成為全球最大的電子商務品牌。

之後，傑夫開始發展電子書系統，任何一本印刷發行的書籍，亞馬遜只要花 60 秒，就可以讓這本書呈現在你眼前。在過去，人們砍樹造紙，再將作家的智慧用油墨印在紙上；亞馬遜卻透過網路經濟，以最快的方式直接將作者的智慧結晶，傳送到每一位讀者的電子設備中。

傑夫永遠在預見未來，不受當下的環境所限制，於焉誕生了屬於他的亞馬遜傳奇。

「集權管理」

　　「集權」指的是一個組織中，決策權集中在少數較高的領導階層上；「分權」則是將決策權分散在更多的中階及基層裡。在組織管理中，集權和分權是一個相對的概念。

　　集權能夠讓企業更便於統籌全局，讓標準一致、政令統一，擁有權力的領導者能夠貫徹自己的意志，也更能集中力量去應付多變的環境。然而，集權對於組織的彈性及靈活度也可能產生不利的影響，一來部屬容易產生依賴心及逃避責任，一旦少數領導者無法做出最適判斷，形同整個組織的失能。

　　傑夫‧貝佐斯就被認為是個標準的「集權」獨裁者，當部屬的意見與他不同時，他會當著部屬的面直接阻止對方繼續發言。曾經有主管建議他要加強與員工之間的溝通，他卻不假思索地說：「不！溝通是一件可怕的事，應該讓每個人獨立思考，避免發生集體的迷思。」

　　亞馬遜內部開會時有一個著名的「兩個披薩原則」（Two Pizza Rule），傑夫‧貝佐斯希望每一次開會，只需要兩個披薩就足以餵飽的人數來參加就好，因為開會人數愈

多，往往就不容易有效率，也容易陷入集體的迷思之中。

傑夫‧貝佐斯並不是一個溫和的 CEO，性格讓人感到陰晴不定，在部屬犯錯時還會惱怒而破口大罵。他喜歡大權在握，而且事必躬親，經常糾正部屬在細節上的錯誤，有時甚至到了吹毛求疵的地步，讓身邊的工作夥伴痛苦不堪。

亞馬遜的員工當中，有人對他極為仰慕，也有人認為身為 CEO 的他有著嚴重的缺陷。然而跟他共事過的每個人都認同，他擁有宏觀的視野及願景，而他懂得如何激勵部屬創造亞馬遜的價值。

集權管理

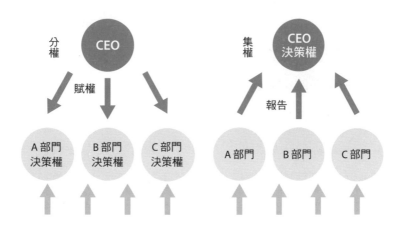

「畜牧行銷」

如前文所提到的，傑夫‧貝佐斯從 4 歲到 16 歲的時光，都在祖父的牧場中度過，從清掃牛棚、牛糞到為牛隻烙印，他一手包辦牧場大大小小的工作，而這 12 年的牧場經驗，為他的創業價值觀，播下極為重要的種子。

畜牧是一種在一定範圍內進行圈養的概念，著重的是讓牧場內部愈來愈好的思維，這跟狩獵的思維恰恰相反。以顧客關係管理來說，狩獵式行銷追求的是一種「市場占有率」，強調將商品推廣給更多的人；畜牧式行銷追求的則是一種「個體占有率」，強調讓原本的顧客投入更多，這是一種類似圈養老顧客的畜牧行銷思維。

事實上，留住老顧客所需投入的成本，往往比開發新的顧客來得更低。如果企業能夠培養出忠實顧客，並掌握老顧客的資料與愛好，便能透過分析顧客，提供客製化且多元的服務，這就是畜牧行銷的思維。

亞馬遜即是這思維的箇中高手。當你上亞馬遜買書時，可能原本只打算買一本書，但是要下單時，亞馬遜會為你找出另外五本你可能感興趣的書，如此一來，你將沉浸在挑選

這些感興趣的書籍當中。亞馬遜還經常提供顧客想都沒想過的需求及服務。

在提供價值的等級上，可概分為「基本價值」、「期待價值」和「超額價值」。所謂「基本價值」，是指最低限度應該提供的價值，沒有的話可能會被客訴；「期望價值」指的是顧客想像中應該能得到的價值；「超額價值」指的是超乎顧客想像的額外價值。想要做好畜牧行銷，基本價值和期望價值都不能馬虎之外，「超額價值」更不能少，讓顧客帶著驚喜與滿足，自願留在這塊畜牧地上。

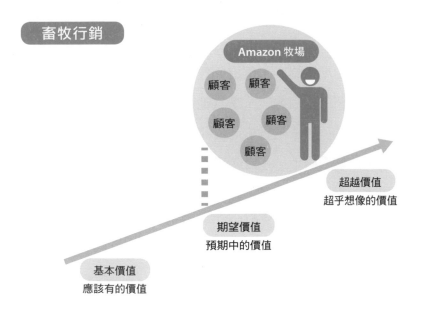

畜牧行銷

Amazon 牧場

顧客　顧客

顧客　顧客

顧客

超越價值
超乎想像的價值

期望價值
預期中的價值

基本價值
應該有的價值

策略 「白地策略」

傳統觀念上，分食現有市場，透過價格競爭殺出血路的策略叫做「紅海策略」，然而削價競爭，最後的淨利勢必下降，市場中所有人仍然只能分食這塊固有大餅，因此必須將餅做大，創造出「藍海」。

因此「藍海策略」就是將餅畫大，透過創造新價值，創造新的顧客需求。然而，成功的藍海策略，總會被其他的競爭者仿效複製，導致藍海最終還是變成紅海。於是，為了能夠保有競爭力，就得創造一套無法被模仿的商業模型，這就是「白地策略」。

所謂「白地策略」，是指顛覆過去我們所認知的市場，開拓一塊全新的「白地」，讓其他人無法跨足；這塊白地可能進入障礙過高，或是具有高度不確定性而讓人卻步，也正因如此，這塊「白地」才更顯可貴。

以書市來說，我們所熟知的傳統書店就是一片紅海，在同一塊大餅中搶食市場，於是一些知名的連鎖書店，將人文、藝術、創意及生活元素融入在書店中，創造了新的氛圍及價值，這就是一種書店的藍海；而當時亞馬遜的出現，則

為書市創造出難以企及的「白地」。

　　亞馬遜顛覆傳統圖書的產業模式，創造亞馬遜網路書城，提供全世界客戶最完整、最快速、高折扣的平台，從圖書起家之後，更納入各式各樣商品形成關聯性市場。

　　要創造「白地」，就要找出顧客尚未被滿足的需求，最重要的，要能夠整合所有資源，創造出一道利潤公式，並隨時修正、改良這套商業模型，讓別人永遠跟不上腳步，而亞馬遜辦到了！

白地策略

生產 「逆向工作」

　　在亞馬遜，傑夫‧貝佐斯會不定期邀請一位來賓參加內部會議，這位來賓是一張「空椅子」，傑夫‧貝佐斯讓它代表所有亞馬遜的顧客，他則作為椅子的意志執行者，透過這張空椅子，讓員工逆向思考，顧客要的價值是什麼。

　　傑夫‧貝佐斯提出了一套「逆向工作法」他認為不應該只依據現有的技術及能力來決定未來方向，而是要逆向思考，反推市場及顧客的需求，因為技術及能力總有被淘汰的一天，惟有隨時回推市場所需，才能永保競爭力。

　　過去新創的科技公司都選擇矽谷起家，傑夫‧貝佐斯卻選擇了西雅圖；過去產品宣傳都是宣揚優點，他卻歡迎負面評語的存在；過去企業的商業模型是機密，他反而願意公開他的商業平台、甚至用來服務他的商業競爭對手；過去各大廠賣硬體設施是為了賺錢，他卻當成一種服務賠錢來賣。

　　為什麼？

　　亞馬遜讓顧客能夠在網路上發表書評，即使是負面評價的也沒關係，有趣的是，這個功能不但不影響銷量，反而讓讀者對亞馬遜更加信賴。而亞馬遜讓顧客在買書前就能線上

試閱，原本普遍被視為一種影響銷量的功能，卻反而吸引了更多人願意前來亞馬遜光顧。

亞馬遜的閱讀器 Kindle Fire，以明顯低於合理市價的價格銷售，還遭分析師評為賠錢貨。但傑夫‧貝佐斯認為，他賣的不是硬體，而是一張亞馬遜的會員卡，即使硬體沒賺錢，提供的服務卻能創造出更高的獲利。

傑夫‧貝佐斯在經營的前 5 年，營運呈現嚴重赤字，但他卻無懼虧損加速擴張公司，最後成功帶領公司逆勢成長。

人類在思維上原本就有一定的方向性，因此很容易產生盲點。而採取逆向工作法，才有機會找到人們從未發現的利基點，並使其成為自己創造成就的起點。

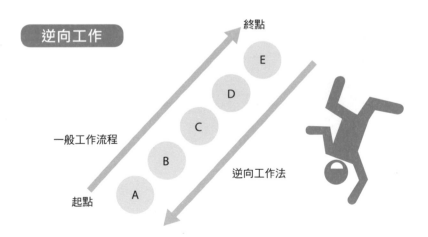

逆向工作

終點

E

D

C

一般工作流程

B

逆向工作法

起點

A

水瓶座
Sony
盛田昭夫

水瓶座之形徵為一波動水紋，象徵著不受限的創意。

水瓶座具有前瞻性和獨創性，聰明又理性，擁有優秀的推理力與創造力，講求邏輯、科學，冷靜且善於思考，他們是公認的怪咖，不喜歡遵循社會一成不變的規則，追求自由及開放，在工作上是創意十足的點子王。由於邏輯好，分析事情通常很透澈，並能看見事情背後的本質。

創新多變的水瓶座孕育一位名為盛田昭夫的創業家，他創造了Sony，讓音樂從此能夠跟著人們走出家門。

盛田昭夫的創業故事

簡介：Sony 共同創辦人

生日：1921 年 1 月 26 日（水瓶座）

　　1921 年，盛田昭夫出生於日本愛知縣名古屋市，家裡是著名的釀酒世家，昭夫身為長子，一直被視為家族企業的當然接班人，而在商人世家長大的他，也在耳濡目染之下，培養了許多商業思維。

　　小學時，昭夫在學校裡設計了一些小貼紙，由於貼紙設計得精緻又富巧思，很快地在同學間掀起話題，人人爭相搶購收集，甚至風靡全校。

　　他長大之後，日本適逢二次大戰期間，昭夫曾經擔任海軍技術中尉，並在服役時認識了未來的合作夥伴井深大，兩人相談甚歡且志同道合，於是兩人有了一起創業的想法。其實昭夫原本可以選擇繼承家業，當一個舒服的二代少爺。但他覺得那太無趣，他想走出自己的路。

　　1945 年，美國在廣島投下原子彈，日本天皇宣布無條件投降，舉國陷入一片哀傷的情緒，昭夫卻在此時看見他創業的契機。

他們兩人集資湊了 18 萬日圓 *，創立了一家「東京通信研究所」，然而對於創業而言，18 萬日圓根本是杯水車薪，很快地就被消耗殆盡，於是只好去借貸。他們當時承租的辦公室甚至只能藏於狹窄小巷的最深處，而且隨處可見曬在辦公室上方的孩童尿布。剛經過戰爭摧殘的日本，民生疾苦且經濟不振，創業環境不佳，根本沒有太多機會。

而東京也在戰事的影響下，民生食品與生活用品極度匱乏，再加上為了資訊的安全，收音機的訊號完全被政府管制，然而隨著戰爭結束，日本開始步向民主化改革之路，而日本人民也開始迫切渴望了解外面的世界。

於是，昭夫及井深兩人在東京的商業區找到了門市與廠房，開啟了收音機維修的業務，並嘗試製造能夠收聽廣播的機器。他們發現，電子技術若能與人們的日常用品結合，會是一個不小的商機，而井深擅長研究發明，昭夫就負責經營及行銷，恰恰彌補了彼此的不足。

1955 年，他們第一件研發出來的產品是晶體收音機，晶體管是由美國人發明的，但當年沒有人看出這能帶來多大的用途，因此並沒有繼續深入研究。然而，昭夫看出了它的價值，他說服日本政府的科技部門，並籌措 720 萬日圓將這

---

*二戰後日圓極度貶值，日本政府為了促進經濟恢復，採用赤字政策，大量發行貨幣並不加限制地向企業發放貸款，從而引發國內通貨膨脹。而後於 1945 年起實行固定匯率制，匯率為 360 日圓兌 1 美元。

項技術買下來，當時所有人都對他這項決策充滿了質疑。

　　對於當時的日本來說，這類產品看似前衛，卻不是民生必需品，根本不需要花錢去買它，也因為如此，最初的行銷之路困難重重。為了順利推銷晶體收音機，昭夫外出時經常都帶著它，展示給民眾看，並當場錄下人們的聲音，再播放給他們聽，引起了不少人的好奇，此外，他還把錄音機帶進法院，讓它取代速記員的功能，當場錄下開庭紀錄。為了行銷這項技術，昭夫不辭辛勞地四處為產品奔走。

　　隨著昭夫的堅持不懈，兩人的努力終於開花結果，1957年，他們發明的攜帶式收音機不但已經在日本廣為流行，更已風靡國外。人們開始了解這項產品真正的價值，而此時競爭對手也幾乎難以追上昭夫的腳步，因為兩人的公司已經完全搶占整個市場版圖。

　　1958 年，昭夫開始思考，如果他們想將公司的觸角延伸到世界的每個角落，就必須要有一個響亮且好記的品牌名稱。於是，他們找到了一個單字 Sonus，這在拉丁語中是聲音的意思，與他們的創業核心息息相關，經過微調之後，公司的品牌名稱正式命名為「Sony」。

　　1963 年，昭夫舉家搬到美國，此時也是他真正把 Sony

帶向國際的時刻。他在美國了解了當地文化，以及當地人的消費習慣，他在曼哈頓第五大街找到一間公寓，並將 Sony 公司也帶了過來，開始積極建立 Sony 的顧客關係網。

昭夫的才幹在美國完全得到了發揮。1970 年 Sony 正式在美國上市，他成為首位成功攻占美國市場的日本創業家。過去日本給西方國家的印象，只能生產諸如玩具和飾品等一般品質的產品，直到 Sony 出現，世界對於日本的印象才開始改觀。

盛田昭夫的創業之路，不但打造了自身事業的版圖，更為日本在國際間博得了好名聲。

在一般組織的職位中，員工表現好可獲得升遷，然而離開了原本擅長的工作之後，表現反而可能沒有在原單位好；而待在原本單位的員工，卻可能是不適任該職位的人，這是為什麼？

加拿大管理大師亨利・明茲伯格（Henry Mintzberg）歸納出三大類職場管理者，及其各自扮演的十種角色。三大類分別為：「人際角色」、「資訊角色」、「決策角色」。

「人際角色」包括精神領袖、領導者和聯絡者，需要的能力是形象管理、個人魅力和社交技巧等；「資訊角色」包括監督者、傳播者、發言人，需要的能力是資訊蒐集、整理與傳遞等；「決策角色」包括創業家、危機處理者、資源配置者、談判者，需要的能力是解決問題及分配資源。

換言之，每一個職位所需的能力皆不盡相同，盲目升遷只會讓每個人都待在不對的位置上；應該盡量讓優秀員工從事他們拿手的工作，而待遇也要相應提升。

盛田昭夫的管理哲學，就頗能改善這個問題。Sony 內部有份刊物，裡頭刊載每個單位的現有職缺，有興趣且有能

力的員工都可以嘗試轉換單位。盛田昭夫曾提出「學歷無用論」的思維，他認為一個人是否為人才，不在於其學歷文憑，最重要的是這個人能否完成職位上的工作。

盛田昭夫有著獨到的用人哲學，他認為就算是公司的基層，領著最基本的薪資，但只要能夠出色地完成職位上的工作，就是人才；相反地，就算坐在高位上，卻無法群策群力，領導部屬完成組織的任務，就不是人才。如同前面所說的，人才的定義不在於職位高低，而在於能否完成職位上的工作。

職位管理

三種類型	人際角色	資訊角色	決策角色
十種角色	精神領袖 領導者 聯絡者	監督者 傳播者 發言人	創業家 危機處理者 資源配置者 談判者
所需能力	形象管理 個人魅力 社交技巧	資訊蒐集 資訊整理 資訊傳遞	解決問題 分配資源

行銷 「口碑行銷」

現代人可能很難想像，過去日本製產品，就像現在的發展中國家一樣，被視為品質較差強人意的產品。然而，盛田昭夫極力推動精良的 Sony 產品，大大地改變了世界對日本產品的印象。

Sony 不但成功躍居為跨國品牌，更間接帶動整個日本產業的國際化。當一個品牌能夠去改變全世界對一個國家的印象時，這個品牌已經超越了市場和商品價值，而且是國家社會極大的「口碑行銷」。

口碑行銷是一種市場行銷的概念，簡單來說，它是一種透過使用者口耳相傳，漸漸累積起來的行銷力，直接砸下大筆的廣告費，可能都還遠遠不及這樣的使用者體驗分享。每個人會受到別人的影響，因此容易相信多數人所推崇的產品就是好產品，這即是一種口碑行銷。

人與人之間，都存在互動多、情感較厚的強連結，以及彼此不太熟的弱連結關係，而要做好口碑行銷，兩者都很重要；強連結的口碑有更大的影響力，弱連結的口碑卻有更遠的傳播力，兩者相輔相成，成就了有效的口碑行銷網。

口碑行銷要成功，靠的不是譁眾取寵的點子，而是需要在產品上投入成本，讓產品擁有一定的品質，如果使用者體驗不佳，就會形成負面的口碑，此時不但無法達到口碑行銷，更可能產生負面口碑。

　　隨著網路時代到來，人與人之間的網絡關係更加頻繁，口碑行銷也愈顯重要，一個好的口碑行銷應該具有正面的形象、優良的品質、鮮明的特色，以及抓住目標使用族群，才能讓無數張嘴，成為最佳的口碑代言人。

口碑行銷

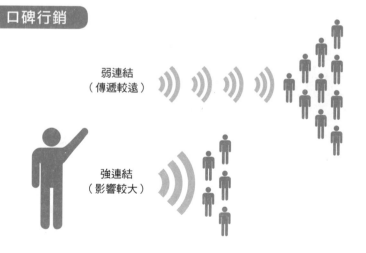

弱連結
（傳遞較遠）

強連結
（影響較大）

策略 「多角化戰略」

美國經濟學家、哈佛大學教授雷蒙德·弗農（Raymond Vernon）提出產品生命週期的理論，指出一般產品的生命週期可分為四個階段，依序為導入期、成長期、成熟期、衰退期。意指多數的商品，都一定會面臨到成長及衰退的過程。

Sony身為試圖打入國際市場的日本企業，如果只固守單一產品優勢，一旦該產品衰退時，就不易站穩腳步，而且會招致全盤失敗。因此，Sony的發展策略上，一向都採取「多角化戰略」來面對市場。

多角化戰略屬於一種發展型策略，主要是指發展更多元化的產品線及經營模式，最早由美國戰略管理之父安索夫（H. I. Ansoff）所提出，他強調要用新的產品去開發新的市場，並盡可能地增加產品種類，擴大企業的生產範圍和目標市場，以壯大企業的競爭優勢和目標領域。

為了抓住更大的市場，如果局限於單一產品線，滲透能力與曝光效果都相對有限，因此有必要打造出更寬廣的產品線。在型號的延伸上，可以推出各式各樣的型號，滿足不同階層的消費者，以擴大市場占有率，爭取更大的展場空間；

同時透過持續蒐集回饋意見，作為產品改良與進步的參考。

多角化戰略能夠帶來不少好處，首先是分散風險，如果只有一項產品，當產品生命週期走入衰退期時，企業就會陷入困境；第二是更富彈性地反映新技術與市場需求；第三則是在不同的領域間互通有無，達到資源共享的目的。

Sony 從早期的收音機到隨身聽，再到後來的遊戲機與智慧型手機，更擁有自己的影視產業，無疑是多角化戰略的代表企業之一。

多角化戰略

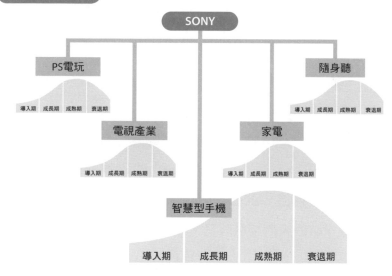

生產 「破壞性創新」

盛田昭夫在主掌 Sony 期間，一直秉持著一個理念：「絕不跟在別人後面，做別人做過的事。」因此 Sony 總是不乏創新的產品。

何謂創新？事實上，創新並非無中生有，創新往往只是將過去人們沒想到的不同元素串聯起來，就衍生出了新的產品。Sony 的 Walkman 就是很好的例子。

有一天，盛田昭夫見到創業夥伴井深大在肩上扛了一台又大又重的收錄音機，就這樣插上耳機帶著散步，此時他忍不住問井深：「你在做什麼？」井深大回答：「我喜歡音樂，想邊走邊聽，但又不想打擾別人，所以就戴上耳機。」然而，好友這副略顯滑稽的模樣，卻給了盛田昭夫全新的點子，找到背後蘊含的大商機。

盛田昭夫立刻啟動 Sony 的研發團隊，嘗試將收音機的體積縮小再縮小，最終，世界上最小的錄放音機就此誕生了，命名為隨身聽 Walkman，也就是可以邊走邊聽的產品，這產品讓當時的人們趨之若鶩。

隨著收音機縮小後，結合耳機的 Walkman 隨之誕生，

創新一棒棒傳遞下去，而後又有人將隨身聽結合手機，成為音樂手機，音樂手機結合電腦的上網智慧功能後，就出現了智慧型手機。

　　這種結合不同元素，又能改變使用者習慣的創新，即是一種「破壞性創新」。盡可能思考並結合不同元素，或許下一個破壞性創新，就有機會在你手中創造出來。

破壞性創新

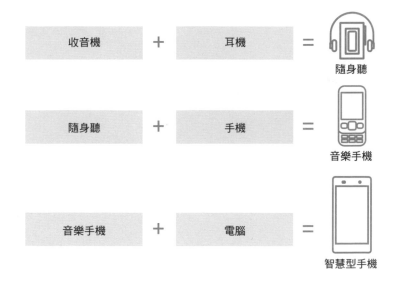

收音機　＋　耳機　＝　隨身聽

隨身聽　＋　手機　＝　音樂手機

音樂手機　＋　電腦　＝　智慧型手機

雙魚座
Apple
史蒂夫‧賈伯斯

雙魚座之形徵為兩個極端的連結，象徵著幻想的世界。

所有星座中，雙魚座擁有最豐富的情感與情緒，多愁善感又優柔寡斷，他們的體內就像住進了兩隻魚，一隻順游而下，一隻逆游而上，牽動著雙魚座複雜的情感與個性，也因此他們往往有著超凡的藝術細胞，而那些豐富的情感變化，有時顯得不切實際，有時又能夠創造新世界。

感性且直覺的雙魚座孕育了名為史蒂夫‧賈伯斯（Steve Jobs）的創業家，他創造了 Apple，帶人們走進科技智慧的生活。

史蒂夫‧賈伯斯的創業故事

簡介：Apple 共同創辦人

生日：1955 年 2 月 24 日（雙魚座）

    史蒂夫‧賈伯斯出生於美國舊金山，他出生不久後，就由一對美國夫妻領養。這對夫妻最早是從事改裝及銷售二手車的商人，他們對於賈伯斯的教育相當開明，並讓他能夠自由自在地做自己感興趣的事情，也提供他接觸機械工藝的機會。兒時的賈伯斯很早熟，待在無拘無束的教育環境下，他很快就愛上了這些科技工藝。

    賈伯斯 5 歲時，開始喜歡跟著父親在家中的車庫組裝和拆解機械，他從這些事發現，原來許多物品都是來自人工且緊密相關，若能看穿其中的邏輯，所有的問題都不再難解，而只要多方學習與觀察，所有現象都可以獲得解釋。

    上了小學，賈伯斯就是個極為獨立的孩子，腦中總是浮現許多想法。但是他並非大人眼中的乖孩子，他喜歡在課堂中搗蛋，和老師唱反調，也常被老師趕出教室。

    不久，級任導師注意到賈伯斯的天分，於是出了一些不容易解開的數學習題，並和他協議，只要他能夠解開這些題

目，就可以獲得糖果和 5 美元的獎勵。最後，賈伯斯順利通過了這項挑戰。不過，對於孩提時代的賈伯斯來說，他獲得的並不只是糖果和金錢，重要的是在解題過程中，他學會了如何去學習思考、面對並完成挑戰。

賈伯斯 17 歲那年進入大學，然而比起課表上的科目，他更專注於課外的藝術與禪學。經過 6 個月的大學生活之後，他發現自己完全不想坐在教室裡，他並不清楚讀大學對自己有什麼幫助，但他知道，父母為了讓他念大學，幾乎花光了所有的積蓄。於是，賈伯斯毅然休學放棄大學學歷。

但是他從未放棄學習。在休學之後，他雖然不再需要坐在課表上規定的教室裡，他卻把所有時間都拿來旁聽自己有興趣的課程；生活上則拮据度日，靠著回收空罐的微薄收入過活。後來，他上了一堂字體美術設計課程，學到了字體書寫的藝術，並為之深深著迷，這也奠下他在藝術創作上的基礎。

1976 年，賈伯斯和朋友史蒂夫・沃茲尼克（Stephen Gary Wozniak）*，開始組裝一些機器後拿去推銷販賣，他們隨後漸漸愛上這樣的事業，決定在賈伯斯家中的車庫成立一家公司，公司名稱便是以賈伯斯最愛的水果來命名：Apple，也

---

* 美國電腦工程師、Apple 的共同創辦人，於 1970 年代中期創造出第一代（Apple Ⅰ）和第二代蘋果電腦（Apple Ⅱ），後者成為當時銷量最佳的個人電腦，被譽為是使電腦走入大眾家庭的工程師。後因駕駛飛機事故引發短暫失憶，1982 年離開 Apple。

就是蘋果電腦。

創業初期，賈伯斯注意到個人電腦擁有的龐大商機，企圖研發推廣這種輕巧又強大的產品。他將過去在學校習得的字體藝術之美，融入產品的設計中，追求簡約、便利、具設計感的電腦語言。

在賈伯斯獨具的創意和衝勁之下，這些設計點子大獲成功，Apple 很快就步上軌道，從原先兩個人的車庫公司，一舉成為價值 20 億美元的 4 千人公司，是那時科技業界最讓人驚豔的新星。

在這個最美好的時刻，賈伯斯卻迎來了創業路上最尷尬的局面，他聘請來擔任 Apple 的 CEO，在董事會一致支持下，成為 Apple 新任掌權者，賈伯斯則被趕出由他一手創辦的 Apple，狼狽地離開。

賈伯斯被趕出 Apple 之後，深受打擊，但他沒有消沉太久，立刻決定了第二次的創業。他創辦了一家名為 NeXT 的科技公司，又創辦皮克斯（Pixar）動畫製作公司，後來他以皮克斯的動畫技術為基礎，推出了充滿創意及趣味的動畫電影《玩具總動員》（Toy Story），這部電影獲得前所未有的好評，賈伯斯也再度回到鎂光燈的焦點。

後來，迪士尼收購皮克斯，賈伯斯頓時成為迪士尼最大的個人股東，NeXT 則由他一手創辦的 Apple 收購，賈伯斯就這樣又奇妙地回到了 Apple。此時，失去賈伯斯的 Apple 因為經營不善而岌岌可危，面臨即將倒閉的困境，於是他再度接下 CEO 職務，重新開始為 Apple 掌舵。

在他卓越的經營手腕及個人魅力之下，Apple 不僅起死回生，更先後推出 iPod、iPhone、iPad 等畫時代的智慧型裝置，改變了全球消費者的娛樂及生活習慣。而一個又一個的 Apple 奇蹟，也在全世界誕生了對 Apple 極為忠誠的廣大「果粉」們。

有人說，歷史上出現了三顆對人類影響重大的蘋果，第一顆誘惑了夏娃，第二顆砸醒了牛頓，第三顆由賈伯斯創造出來改變了人們的科技生活。

賈伯斯曾說：「不要讓別人的意見淹沒了自己內心的聲音，要擁有追求自己內心直覺的勇氣，求知若飢、虛心若愚。」如此一來就能不斷地突破自我，創造奇蹟。

　　賈伯斯在 Apple 總部大樓外掛上一面海盜旗，象徵著 Apple 的企業文化，要像海盜一樣掠奪整個市場，而在這種企業文化背後迸發的創造力，則來自極度的工作壓力及衝突。

　　賈伯斯對於工作細節極為講究，經常為了工作，讓組織裡衝突不斷。在 Apple，意見可以相左，並透過不停的衝突，激盪出更多的想法與創意。即使如此，Apple 的流動率卻很低，最主要的原因在於 Apple 始終有著偉大的願景：「改變世界」（Change the World）、「不同凡想」（Think Different），組織成員不會墨守成規，而是勇於承擔壓力，勇於冒險、掠奪及創新。

　　「鯰魚效應」（catfish effect），原本指的是漁夫為了確保捕獲的沙丁魚不在返航途中死亡，會在沙丁魚群中放入一條鯰魚，沙丁魚為了躲開這名掠食者，產生危機意識及生存動力，反而讓生命力變得更強大；而這種引入強者、激發弱者變強的效應，也被應用於管理學中。

　　傳統觀念認為組織成員間衝突是不好的，應該盡量避

免。但這樣的觀念也開始有了**轉變**，並將衝突視為無法避免的人際關係；而在最新的管理觀念中，反而認為衝突是一種組織活力的來源，好的衝突能活絡組織的互動，而一定程度的壓力，更能夠激勵組織成長。

在 Apple 的海盜文化中，每個人為了在這樣的組織文化中立足，幾乎沒有人可以停在原地而不求進步，每個人都得卯足勁往前衝。一個追求創新的組織，壓力與衝突是不可避免的，而這會讓組織更有活力。

賈伯斯願意去讚嘆偉大的工作成就，儘管有時像個獨裁者，讓人倍感壓力，卻形塑出 Apple 獨有的「海盜文化」，讓 Apple 成為全世界最具創新力的企業之一。

海盜管理

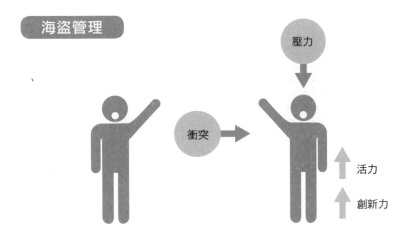

壓力

衝突

活力

創新力

雙魚座

行銷 「飢餓行銷」

　　上帝的蘋果，誘惑了亞當與夏娃；賈伯斯的蘋果，則風靡全世界，讓全世界的人們望之飢腸轆轆，無法抗拒。

　　行銷最初階的是製作產品，接著是經營品牌，而最高階的，則是製造信仰，Apple 無疑是箇中好手。曾經有個網路笑話是這麼說的，全世界最遙遠的距離，是你出門去買 Apple 第五代，而我去買 5 袋蘋果。Apple 的產品總是價格不菲，剛上市時通常還不容易買到，卻依然讓人趨之若鶩，這就是一種飢餓行銷。

　　所謂飢餓行銷，是控制市場的供給量，讓市場產生供不應求的現象，讓消費者更加渴望擁有。

　　首先，Apple 在發行新產品時，一定會放出風聲，告訴所有人將有偉大的新產品問世，但是從不公布細節，而是任由市場臆測，讓每個人都對即將上市的新產品期待又好奇。最後，賈伯斯現身在演講台上，以精湛的介紹，讓這項產品在正式與大家見面時，就滿足了所有人的期待。

　　iPad 剛進入市場時，限定每人只能購買一台，而 iPhone 的上市，更可以看到全世界「果粉」徹夜排隊的盛況，期

待搶到第一手的 Apple 產品。正所謂物以稀為貴,「一機難求」的現象,加深了全世界人們對於 Apple 的飢餓感。

　　不過,並非所有品牌都適合飢餓行銷。iPhone 及 iPad 在問世以前,Apple 就具有很高的品牌價值和魅力,並有固定的追隨者,才得以帶動更大一波的信仰力量。因此,若想採取飢餓行銷,必須先確認該品牌具有令人嚮往的明星形象,而非任何產品都適用。

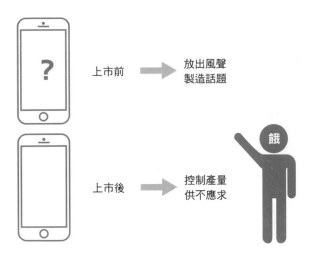

飢餓行銷

上市前　放出風聲 製造話題

上市後　控制產量 供不應求

餓

「競爭策略」

策略管理大師、哈佛商學院教授麥可‧波特（Michael Porter）曾經針對企業的競爭策略，提出了五力分析架構，這五個力量分別為：「現有競爭者」、「潛在競爭者」、「替代品的威脅」、「供應商」和「顧客」。

換言之，一間具有競爭力的公司，除了要能夠抵抗現有競爭者、潛在競爭者和替代品的威脅之外，更應該提升自家公司對於供應商與顧客的議價力，也就是壓低供應端成本，並提升顧客端的售價，如此才能創造最大的企業價值。

在這個商業競爭思維下，Apple 可能是世界上最具有議價力的品牌之一。它不但成功壓縮了供應端的成本，更創造出最大的品牌價值，讓消費者願意花大錢買單。等於同時掌握了「供應商」與「顧客」端的議價力。

根據報導，代工 Apple iPhone 手機的廠商利潤僅約手機售價的 0.6%，而掌握專利和品牌的 Apple，利潤則高達售價約 70%，代工廠商和 Apple 品牌的利潤相差高達百餘倍。

一般產品的產業鏈中，可概分為「研發」端的技術和專利，「生產」端的製造和組裝，以及「品牌」端的行銷和服

務。Apple 將利潤最低的「生產」端供給結合代工廠完成，自己則完全掌握利潤最高的「研發」和「品牌」端，打造出最具價值的科技品牌。

即便如此，Apple 的產業鏈仍是全世界各大廠商爭相合作的產品線，這正是來自 Apple 的品牌價值及強大的議價力。

競爭策略

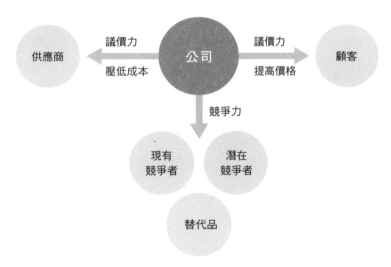

生產 「簡化認知」

　　傳統的商業思維認為，如果在產品的生產與行銷上提供消費者更多的選擇，就更有機會成交。有趣的是，這可能是個誤會。

　　人們在面對過多的資訊時，容易產生認知上的衝突；一旦攤在眼前的選擇太多，反而會變得迷惘焦慮，導致資訊整合上出現矛盾。因此，我們要回過頭來思考，我們真的需要這麼多選擇嗎？或是我們真的需要這麼多資訊嗎？

　　夜市裡生意最好的攤位，通常只販賣少數幾樣明星商品，消費者就算第一次光顧，也能很快知道該買什麼產品；在網路最多人閱讀的文章，通常字數不會太多，而且都會聚焦重點，方便讀者快速掌握。

　　這就是 Apple 的產品設計學，協助消費者消除了認知上的迷惘，打造一種極簡的藝術。

　　過去的市場中，產品種類型號繁多，卻鮮少存在能夠主導市場的產品，也讓消費者挑選時傷透了腦筋。賈伯斯認為，好的產品要能引導消費者做出選擇，因此他主導的 iPhone 和 iPad，型號都很簡單，消費者只要簡單選擇要手

機還是平板？要白色還是黑色？容量多大？消費者可以在最快時間內認識產品，並釐清自己到底需要什麼。

　　過去的電腦介面較為複雜且不美觀，想要完成一道指令，必須經過繁複的路徑才能完成。相較之下，賈伯斯大刀闊斧改革了 Mac 介面，除去所有不便利的元素，透過圖示成為一個清晰而明確的功能表畫面，兼具科技便利和簡潔美觀的電腦系統就此誕生。

　　賈伯斯曾經引用達文西的名言：「簡單是最高級的複雜（Simplicity is the ultimate sophistication.）。」Apple 的學問便在於此。

簡化認知

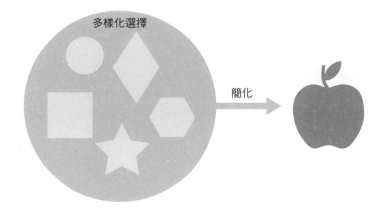

改變世界的12星座大創業家

全球大品牌的創業故事、管理理念和行銷策略

作者	紀坪
插圖	李怡緯
主編	劉偉嘉
校對	魏秋綢
排版	謝宜欣
封面	萬勝安
社長	郭重興
發行人兼出版總監	曾大福
出版	真文化／遠足文化事業股份有限公司
發行	遠足文化事業股份有限公司
地址	231 新北市新店區民權路 108 之 2 號 9 樓
電話	02-22181417
傳真	02-22181009
Email	service@bookrep.com.tw
郵撥帳號	19504465 遠足文化事業股份有限公司
客服專線	0800221029
法律顧問	華陽國際專利商標事務所　蘇文生律師
印刷	成陽印刷股份有限公司
初版	2021 年 6 月
定價	320 元
ISBN	978-986-99539-5-5

歡迎團體訂購，另有優惠，請洽業務部 (02)22181-1417 分機 1124、1135

特別聲明：有關本書中的言論內容，不代表本公司／出版集團的立場及意見，由作者自行承擔文責。

國家圖書館出版品預行編目 (CIP) 資料

改變世界的 12 星座大創業家：全球大品牌的創業故事、
　管理理念和行銷策略／紀坪著 . -- 初版 . -- 新北市：
　真文化，遠足文化事業股份有限公司，2021.06
　　面；公分 --（認真職場；14）
ISBN 978-986-99539-5-5（平裝）

1. 企業家 2. 企業經營 3. 創業
490.99　　　　　　　　　　　　　　110007433